公共空间艺术设计

范晓莉 | 著

上海人民美術出版社

图书在版编目（CIP）数据

公共空间艺术设计 / 范晓莉著. -- 上海 : 上海人民美术出版社, 2024.11
ISBN 978-7-5586-2809-2

Ⅰ. ①公… Ⅱ. ①范… Ⅲ. ①公共空间－建筑设计 Ⅳ. ①TU242

中国国家版本馆CIP数据核字(2023)第188786号

公共空间艺术设计

著　　者：范晓莉
策划编辑：孙 青
责任编辑：张乃雍
技术编辑：齐秀宁
审　　校：马海燕
排版制作：上海商务数码图像技术有限公司
出版发行：上海人民美術出版社
地　　址：上海市闵行区号景路159弄A座7F
邮　　编：201101
网　　址：www.shrmbooks.com
印　　刷：上海丽佳制版印刷有限公司
开　　本：787mm×1092mm 1/16 10印张
版　　次：2024年11月第1版
印　　次：2024年11月第1次
书　　号：ISBN 978-7-5586-2809-2
定　　价：78.00元

前言

公共艺术是现代城市文化和城市生活形态的产物，也是城市文化和城市生活的集中反映。公共艺术是多样介质构成的艺术性景观、设施及其他公开展示的艺术形式，它有别于一般私人领域的、非公开性质的、少数人或个别团体的非公益性质的艺术形态。在人类生活和生产的环境中，具有开放、公开特质的，由公众自由参与和认同的公共性空间被称为公共空间，而公共艺术所指的正是这种公共空间中的艺术创作与相应的景观环境设计。同时，在城市景观的塑造中，公共艺术是贯穿始终的，不仅存在于景观规划的各个要素中，对空间内涵进行具体诠释和总结提升，而且通过对场所空间的塑造和控制，它能够进一步影响公共空间，其和景观规划主题及整体城市的系统组织都是相互连接的。换言之，一个优秀的公共艺术作品亦无法单独存在，其所采用的形式语言、材质、主题和立意等，都必须和景观、建筑、空间深度融合，相互联结，这样才能融入环境，发挥其应有的功能。

本书的第一章和第二章梳理了对城市空间的认知和城市景观规划的基本流程，建立起公共艺术设计和景观规划设计之间的链接，从而引出第三章公共艺术设计的相关概念及内涵。第四章和第五章重点阐述了宏观层面的公共艺术设计规划思路及中观、微观层面的公共艺术设计方法。结合当下城市更新和乡村振兴的关注热点，本书选取了不同属性的公共空间艺术设计，包含公园绿地、街道空间、交通枢纽、商业空间、社区空间、校园空间、工业遗产空间等。对于从事公共艺术、景观环境设计、城市规划等专业的人员，本书可以提供一套完整的公共空间规划与设计的思路和方法，方便相关设计人员按章节进行检索，快速进行公共空间的艺术规划与设计，形成完整的设计提案。

FOREWORD

基于作者自身的城市景观设计和公共艺术设计的交叉研究基础，本书将公共空间艺术设计置于景观规划的背景下进行系统性研究，具有一定的科学性与创新性。其中，多学科综合的、交叉分析的思路与阐述是一以贯之的，这使得本书具有相当的借鉴意义。希望本书对公共艺术和规划设计行业的学者、专业人员和学生有所助力，也对关注城市发展和乡村振兴的每个人有所启发。

目录

CONTENTS

目录

第一章

CHAPTER 1

城市空间认知

课题的前期引导

观察以下图片（见图1~图6）中不同城市空间及空间里的公共艺术作品，请分析城市空间的不同属性，思考公众、空间、艺术三者的联系。

我们对一座城市除了通过他者的描述来认知外，更加直接的方式是通过对一座城市的空间布局来了解，城市的空间布局是由不同的城市元素相互组织形成的。这些元素是系统认知城市空间乃至各种空间的基础，能帮助我们更好地理解和掌握公共艺术与城市空间的互动关系。

图1　深圳百花二路儿童友好街区（光魅影像工作室）
（项目依托政府“一路一街”改造计划，从儿童友好出行及快乐成长角度出发，结合空间慢行、建筑立面、智慧人文多个维度的提升，全方位打造深圳第一个儿童友好示范性街区，满足片区儿童及居民安全出行、互动交流的多元需求，提供具有人文趣味的场所体验。）

图2　悉尼悬浮在人行道上的雕塑［UAP公司雷切尔·西（Rachel See）］
［艺术家沃森（Watson）根据其工作室在实践中得到的形式和颜色，创造了这些几何雕塑。视觉效果上，该轻质雕塑无重力地飘浮在空中，为人行道带去了亮点和生机。］

图3　马德里恒星照明设施［布鲁斯·德卢克斯（Brut Deluxe）］
（该灯光装置由一个密集的蓝色曲线网络构成，伴随着镶嵌其中的点点“星光”，使整条街道看上去像是编织出来的夜空。光的布置遵循着星系的方向，通过若干条曼妙动人的蓝色线条在街上延展开来，以显示一种动态感，使行人仿若置身于恒星环境中。）

图4　青岛海岸万科城拾光公园（三映景观摄影）
（拾光公园中心是一片光乐园，以小黄鸭造型元素贯穿儿童活动区域，形成三大主要游乐区域：云端秋千区域、地形沙滩区域与大黄鸭失重乐园区域。整体空间被海浪造型元素覆盖，充满童趣。）

图5　西安中大国际商业中心雕塑《Hello！》（路径建筑摄影 / 陕西新画面影视）
（作品与商业品牌相关联，与建筑发生关系，与来往的人产生对话。作品以幼年的熊为题材，因为幼年的熊最为萌动且更富有亲和力。）

图6　法国欧里亚克国际艺术节［爱德华多·贝纳迪诺（Eduardo Bernardino）］
（欧里亚克国际艺术节将世界顶尖的艺术家与观众聚集在一起，在公共空间为市民呈现各类艺术的风采，有些是简单的视觉震撼，有些则是精致的或发人深省的。）

第一节　空间的元素

随着我国城市化进程的发展，公共艺术已经成为我国城市现代化发展的必备品。公共艺术主要作用于区域性的城市公共空间，而“区域”本身是一个空间概念，并且具有实体性。区域内多样的城市元素构成了多层次、多元化的城市公共空间。区域又具有整体性的特征，区域内各个元素的统一性和连续性，对于区域乃至整座城市的风格面貌极其重要。

构成城市公共空间的元素包括建筑物、街道、广场、水体、标志物和城市景观等，这些元素的不同组合构造了多层次、多元化、形态各异的城市空间。城市空间不仅是城市历史、文化、经济的物质载体，还为公共艺术提供了赖以生存的环境。在路易斯·芒福德（Lewis Mumford）看来，城市只是一种容器，任何一种容器的真正价值不在于这一器物本身，而在于容器所形成的空间，空间具有重大意义。正如我们置身于城市空间中，广场上的建筑物、雕塑和景观会对我们产生一定的影响，对场所精神的表达具有积极意义。公共艺术将在特定的城市空间对我们产生特定的意义。因此，城市空间是一个相互联系的空间，是人们互相影响的结果，是特定空间中的社会关系的构建。而作为城市空间美学象征的公共艺术，其因置身于城市空间内复杂的联系中，同样被赋予了多层次、多方位的内在含义。

公共空间在历史进程中，从“神”的殿堂、“英雄”的舞台再回归到“人”的家园，呈现了不同的基本属性、价值取向和形态特征，展现了城市形象和城市文化，叙述和记录着城市故事。公共艺术与城市公共空间是相互依存的，随着城市现代化进程的推进，公共艺术也不断介入不同类型的城市空间中，如城市街道（见图7）、城市中心广场（见图8）、城市商业街区（见图9）、城市主题公园（见图10）和城市节庆活动（见图11）等。

图7　城市街道《双胞胎》英国伦敦
［查尔斯·爱默生（Charles Emerson）］

图8　城市中心广场《红色的蜘蛛》法国巴黎

图9　城市商业街区《请就座》英国伦敦

图10　城市主题公园《拉·维莱特公园》（部分）解构主义建筑设计代表作 法国巴黎

图11　城市节庆活动《巴西里约狂欢节落幕》巴西里约热内卢

对于上述丰富多彩的城市空间，作为设计师或创作者该如何理性、系统地进行认知呢？在这里，我们可以将城市空间按照我们对空间的意象感知来分解成不同的要素进行详细解析。

城市意象是城市空间形象感知过程中的重要组成元素。这些元素是识别城市空间必不可少的符号，构成人们脑海中对于城市的总体意象，可以分为两大类：物质性元素与非物质性元素。

一、物质性元素

物质性元素是在城市的物理空间中构成城市意象的元素。它们都是客观存在的实体，例如建筑物、高速公路、铁路、道路和城市道路标志等。在《城市意象》中，凯文·林奇（Kevin Lynch）把这些物质性元素概括为五大类，即道路、边界、区域、节点和标志物。

·道路

对许多人来说，道路是意象中的主导元素。道路指的是观察者习惯、偶然或者是潜在的移动通道，例如机动车道、步行道、长途干线、隧道或铁路线。当人们在这些道路上行走时，他们会对眼前的城市产生联想和想象。在城市街道景观设计中，道路主要包括视觉景观要素、生态景观要素和心理景观要素三部分。

其中，视觉景观要素包括道路两侧建筑界面、景观设施和道路路面等实体要素；生态景观要素是道路景观中的自然营造，主要为绿化界面；而心理景观要素则包括街道整体的风格、尺度开合、精神面貌和文化氛围等。例如北京平安大道有助于连接西城区和东城区（见图12），南京的中山路也有利于人们对南京市的传统与现代风格形成统一的印象。

·边界

边界是指除道路以外的线性要素，它们通常是两个地区的边界，相互起侧面的参照作用，比如海岸、铁路线分割、开发用地的边界或围墙等。在城市景观系统中，带状景观系统往往承担了边界的作用，带状景观的内容包含边界在内，同时也囊括了道路景观设计、生态廊道和其他各类绿化等。每座城市都有大大小小不同的边界，例如广州被珠江一分为二，长江和汉江把武汉分成汉口、武昌和汉阳三个区域（见图13）等。

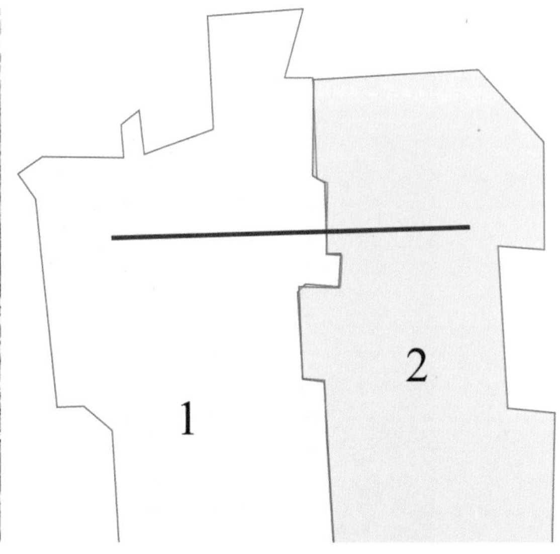

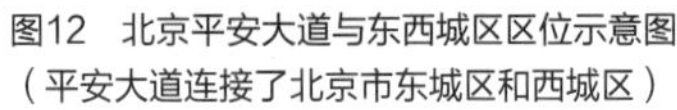

图12　北京平安大道与东西城区区位示意图（平安大道连接了北京市东城区和西城区）

· 区域

区域是指城市内中等以上规模的分区，是一个二维的平面。区域内有某些共同的能够被识别的特征，以至于观察者从心理上有进入区域中的感觉。这些特征不仅能够从区域内部被识别，而且在区域外部也可以看到并可以用来作为参考。

在城市景观体系中，区域是一个更为复杂的概念，区域承担的功能十分多样，大多数人通过区域来组织自己的城市意象。区域的定义往往超越景观，而进入宏观的城市片区综合体的概念之中。每座城市都有一片具有地域特色的区域，如郑州郑东新区CBD（见图14）等。

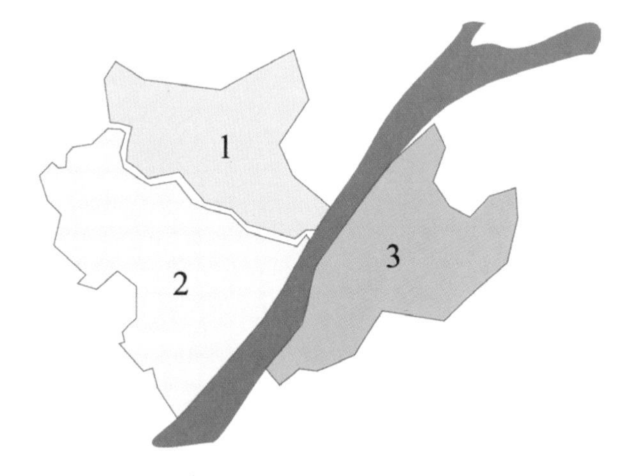

图13　武汉城区示意图
（长江和汉江把武汉分成汉阳、汉口和武昌三个区域，构成了三块区域的边界。）

· 节点

节点是在城市中观察者们能够由此进入的具有战略性的点，是人们往来的集中点。节点主要包括连接点与聚集点。前者是交通线路中的休息站点、道路的交叉点，如东京涩谷人行横道（见图15）、无锡地铁1号线三阳广场站等。后者可以单纯地看作人群聚集的点，这样的节点可以成为一个区域的中心和缩影，其影响由一点向外围辐射，如重庆的解放碑、杭州的西湖等。当然，许多的节点具有连接和集中两种特征，如西安的钟楼、郑州的二七塔等。

在城市景观体系中，广场、公园和居住区景观往往承担了节点的功能。

图14　郑州郑东新区CBD区域
（区域内多为商务办公楼与购物大楼，建筑形式与功能统一，构成了意象性较强的环形区域建筑群。）

图15　东京涩谷人行横道
（被誉为“世界上最繁忙的人行横道”，构成了人群往来集中的道路交叉点。）

· **标志物**

标志物是另一类型的点状参照物，观察者只能位于其外部来观察，标志物通常是一个简单的有形物体，比如建筑、标志或山峦，很多标志物即使相距甚远，但是其本身会有一个突出的元素来很容易地让人注意到。一座城市的标志物并非一成不变，不同的观察者会选择不同的标志物组成城市意象。标志物经常被用作确定身份和结构的线索，随着人们对城市逐渐熟悉，人们对标志物的依赖和需求程度也与日俱增。在城市景观体系中，标志物指的是场地内的构筑物，包括建筑、中心景观元素和公共艺术作品等。每座城市都有自己代表性的标志物，如法国巴黎埃菲尔铁塔（见图16）等。

在现实的城市空间中，以上五类元素并不是孤立存在的。区域由节点组成，由边界限定范围，通过道路在其间穿行，并四处散布一些标志物，元素之间有规律地互相重叠穿插（见图17）。

图16　法国巴黎埃菲尔铁塔
（埃菲尔铁塔矗立在法国巴黎塞纳河畔，是法国的标志物之一。）

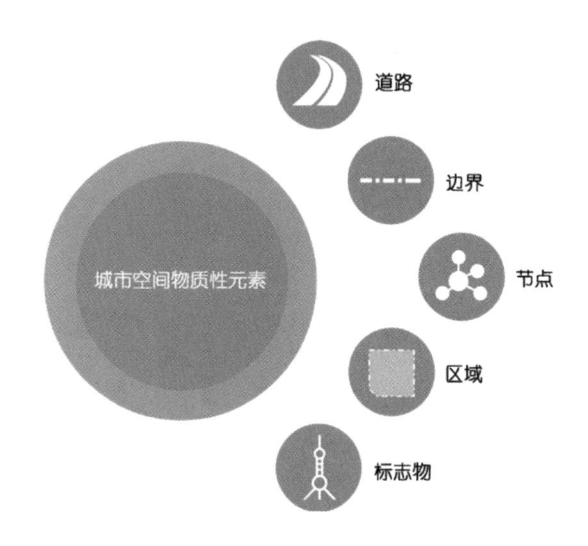

图17　城市空间物质性元素构成

课题1

选择一座城市，对其进行城市空间物质性元素的思考与分析，用图片的方式记录和整理其独特的城市属性。

要求：

1. 选择一座城市，对其构成空间的道路、边界、区域、节点和标志物五个要素进行分类观察，理解这五个要素的特征。
2. 针对每一类物质性要素，尝试用专业的术语进行描绘。
3. 用精选的图片和相应的文字说明整理出一张该城市的物质性要素图表。

难点：

1. 在城市空间丰富复杂的外表下，如何清晰、准确地捕捉不同的物质性要素。
2. 如何做到图片的精选和专业的文字描述。

学生作业示范（见图18）：

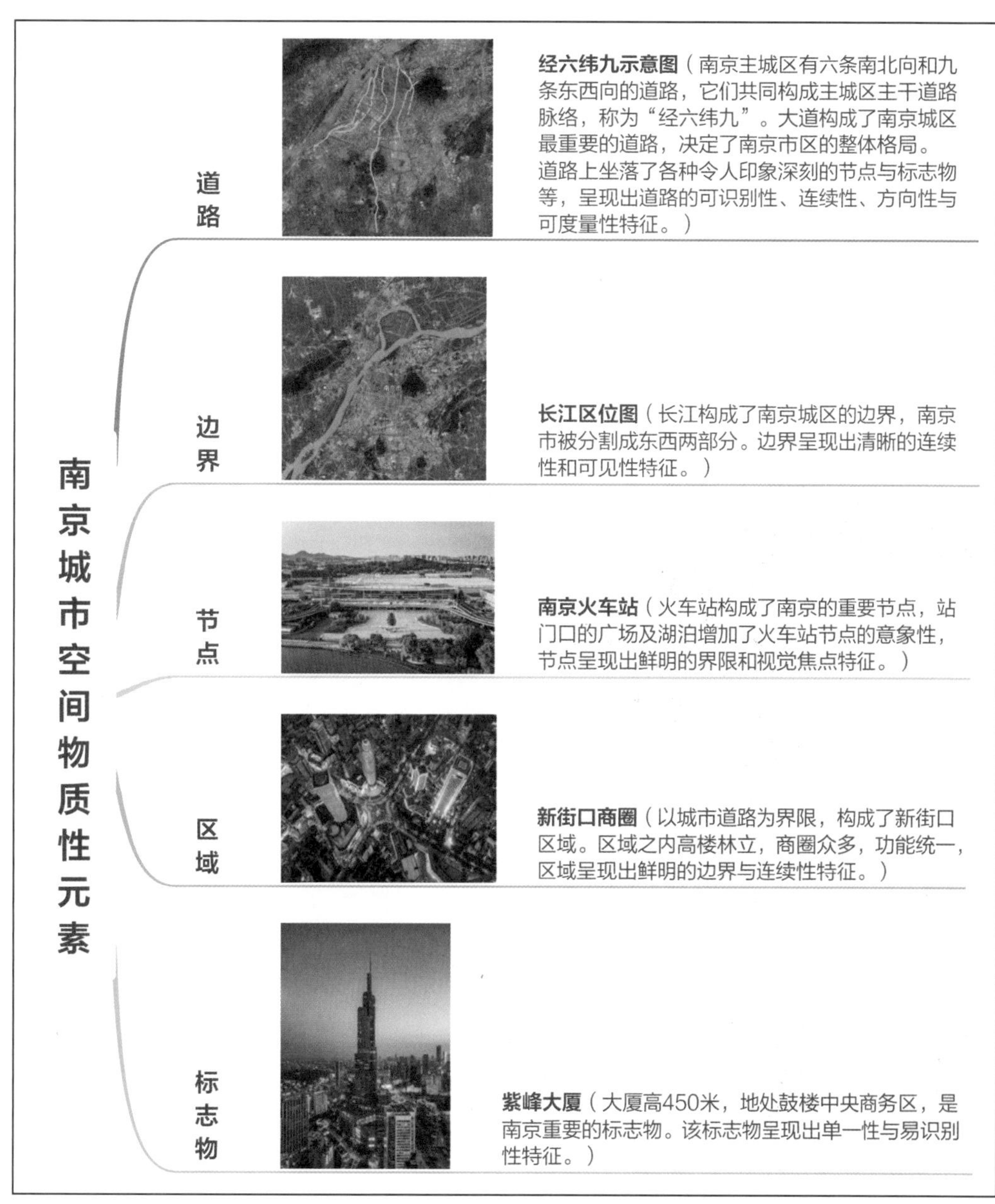

图18　南京城市空间物质性元素（设计学硕士2103班 李科宇）

二、非物质性元素

假如将一座城市比作一个人的话，那么其骨骼就是由五个要素组成：道路、边界、区域、节点和标志物。而血液和肌肉则是由社会、文化、人物和民俗等意象元素构成，这些意象元素可被称为物质性意象元素。与物质性元素不同，非物质性意象元素指的是城市中的各种社会文化活动和现象。这些活动和现象同样能给人们留下深刻的印象。每座城市都有自己的文化背景、城市特色和价值观，并与其他城市区别开来。城市特有的风俗习惯、人文情感、传统思想和生活方式，往往是由城市社会文化所决定的，不同文化有着不同的风格和色彩。非物质性元素主要有四大类，即城市文化活动、地方传统文化、风俗习惯和历史事件与人物。

· 城市文化活动

城市文化活动是文化建设的重要内容、载体和形式。节事、节庆、会展、赛事、演艺和群众文化活动等形式都属于城市文化活动。城市文化活动是一种外在可视的艺术形式，它蕴含着丰富的社会精神内涵，孕育着深刻的社会思想和人文精神，体现了城市内在价值。这些城市文化活动在丰富市民生活、塑造城市公共空间、加强城市文化特色、扩大城市区域影响等方面有着不可或缺的作用。每座城市都拥有属于自身的城市文化活动，如上海城市空间艺术节（见图19）、日本越后妻有大地艺术祭等。这些文化活动已经超越了传统展览的单向欣赏，证明了文化活动对于城市建设的重要性。

· 地方传统文化

地方传统文化从广义上看是物质和精神文化的总称，从狭义上看是地方社会长期发展中凝聚出的精神文明、风俗等的总称，是长期积淀形成的一种反映民族风貌的传统文化。地方传统文化作为地区历史文化特色的反映，呈现出多样性的特点。不同地区的传统文化有较明显的差异，其中包含了很多该地区特有的传统思想和观念，但均属于文

图19　上海城市空间艺术节2021（叁山摄影 霍秀）
（该艺术节以“15分钟社区生活圈——人民城市”为主题，以实景体验、艺术介入、各类学术研讨和社区营造活动为手段进行介入与展示。）

化的范畴。地方传统文化通过地方建筑、文化、产业等方面体现出来。以无锡地区为例，无锡是江南文化的发源地之一，无锡方言、民间工艺（如惠山泥人、紫砂壶、锡剧）（见图20）等都是无锡地区的特色传统文化。这些文化的配色、造型、材料等都能给人们留下独特的印象。

・风俗习惯

风俗习惯指的是个人或集体的传统风尚、礼节、习性，主要包括民族风俗、节日习俗、传统礼仪等。不同的地区和民族有着不同的风俗习惯，但每个地区的风俗习惯都不尽相同，极具本民族或地区的特色与味道。不同风俗习惯所形成的形态各异的文化深深地影响着城市的各个方面，如空间、建筑等。不同风俗习惯所构成的意象也使得人们对城市有了更丰满的认知与了解，例如西双版纳泼水节（见图21）等，这些风俗习惯带有浓烈的民族味道，具有鲜明的意象性。

・历史事件与人物

每座城市都有着独一无二的历史事件，产生了影响后世的历史人物，这些历史事件和历史人物影响着城市内的文化、建筑、价值观与空间规划等方面，并产生了十分深远的影响。当人们接触到这些元素时，能很快感受到在历史事件与历史人物影响下的城市文化，例如上海外滩被称为“万国建筑博览群”（见图22），建筑充满了古典主义风采。凡・高、伦勃朗等一众绘画大师对荷兰阿姆斯特丹这座城市的意象也产生了一定的影响，城市中大大小小的美术馆与博物馆有60多座，对城市文化的塑造也产生了一定的影响。

作为人类生活和居住的场所，城市除了是一种物质空间实体之外，还承担着现代社会各种精神生产和意识形态传播的任务，同时它还在促进各种不同人格的成长，具有物质精神化的作用。城市中的城市意象在物质性元素的基础上，根植于历史文化之内，融于社会风俗之中，在众多非物质性元素的作用下（见图23），最终由城市中的个体与城市的精神全面而立体地呈现出来。

图20　惠山泥人
（其造型简练饱满，线条流畅明快，色彩鲜艳夺目。）

图21　西双版纳泼水节
（节日期间，男女老少都穿上节日盛装，手持各种各样的容器盛水，涌向大街小巷。人们互相泼水，互祝吉祥、幸福、健康。）

图22　上海外滩
（经过百余年的建设，外滩高楼林立、车水马龙。这些古典主义与现代主义并存的建筑，已成为上海的象征。）

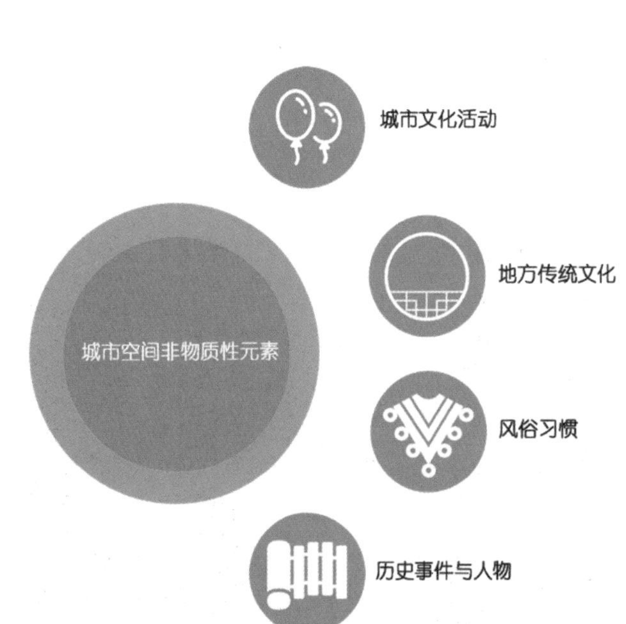

图23　城市空间非物质性元素构成

课题2

选择一座城市，对其进行城市空间非物质性元素的思考与分析，用图片的方式记录和整理其独特的城市属性。

要求：

1. 选择一座城市，对其构成空间的城市文化活动、地方传统文化、风俗习惯和历史事件与人物四个要素进行分类观察，理解这些要素的特征。
2. 针对每一类非物质性元素，尝试用专业的术语进行描绘。
3. 用精选的图片和相应的文字说明整理出一张该城市的非物质性元素图表。

难点：

1. 在城市空间丰富复杂的外表下，如何清晰、准确地捕捉不同的非物质性元素。
2. 如何做到图片的精选和专业的文字描述。

学生作业示范（见图24）：

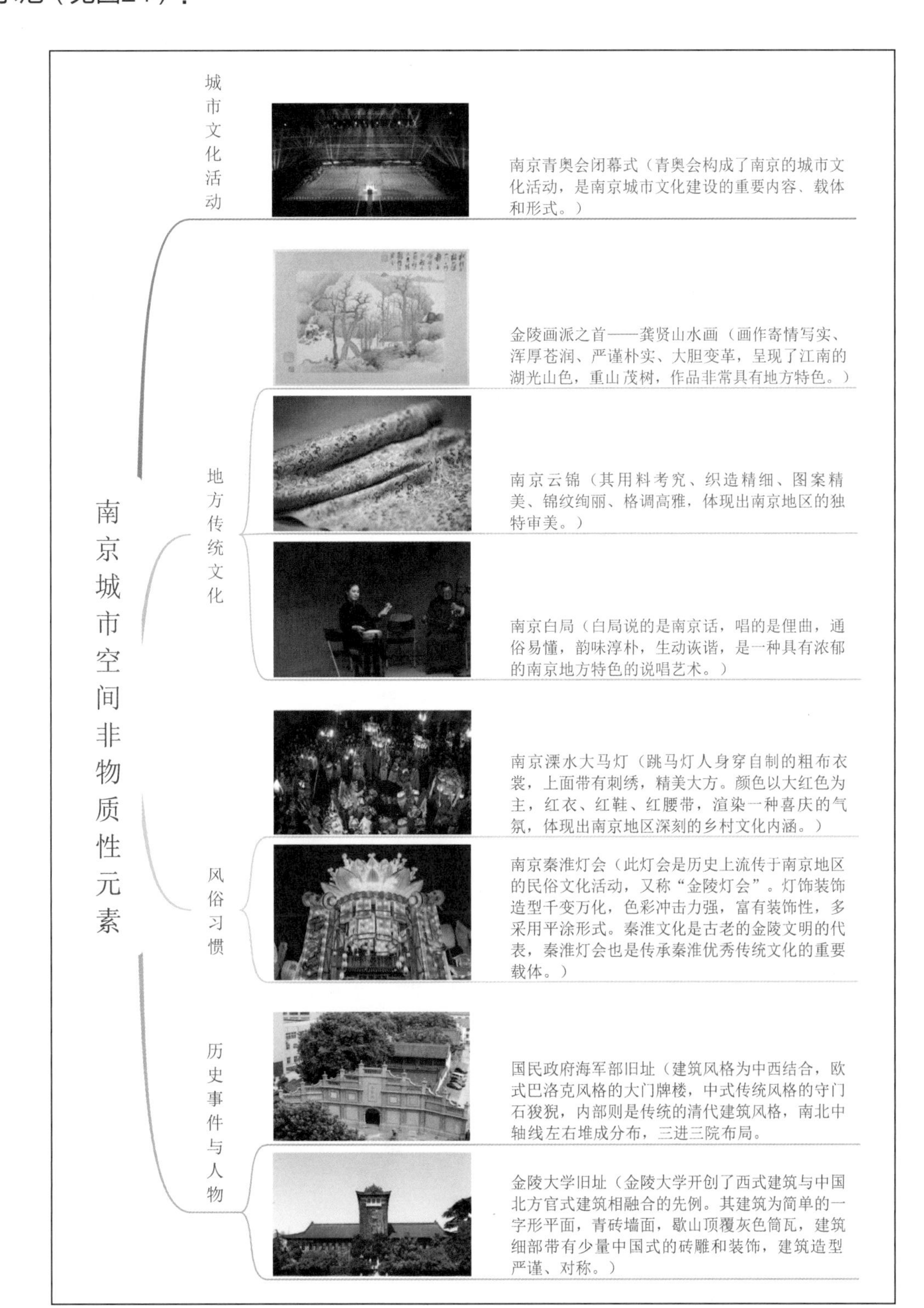

图24　南京城市空间非物质性元素（设计学硕士2103班 李科宇）

第二节　空间的建构

了解了城市空间构成的物质性元素和非物质性元素后，那如何进一步对其进行整体性规划和针对性设计呢？由于城市非物质元素涉及城市文化活动、地方传统文化、风俗习惯和历史事件与人物等，其中大部分不属于设计师和艺术家的职能范畴，在本书中暂不讨论。其中对于城市文化活动的策划与参与，将在本书的第三章进行阐述。本节内容主要针对城市空间的物质性元素进行思路建构和方法讨论。

上文中所归纳的物质性元素是在城市空间内创造坚实、独特结构的组成实体，是城市空间规划中的主要组成部分。这些物质性元素不论是从整体或个体来说，在城市规划的过程中都具有一定的设计规范。从宏观、整体的层面出发，各部分之间的相互关系在设计前期起到非常重要的作用，在一个整体中，道路造就出区域范围并连接了不同的节点，节点分化出不同的道路，边界围合出区域范围，标志物表明了区域的核心。这些元素在规划时需要具有整体性、连贯性、构成要素个性化和空间可塑性等特征。从微观、具体的层面出发，各个物质性元素在真正的城市空间中都具有各自不同的特征，如可识别性、连续性、边界的鲜明性、唯一性等。正是这些意象元素纵横交错、相互交织，再结合城市宏观规划要点来进行规划设计，城市空间才会形成浓烈且生动的意象。

一、城市空间的宏观规划

· 整体性

城市空间形态设计中最重要的是连贯性与意象性，而提高城市空间的可意象性则需要在城市规划前期在其形象上更易于识别与组织。因此，城市空间宏观规划首先应具有整体性的特征。道路、区域、节点等要素都是城市空间中的构成要素，并具有各自的空间特征，承担不同的空间功能，在城市空间中相互作用和影响，共同构成城市公共空间的整体，如合肥古城墙区域内各个元素和谐统一地交织在一起（见图25）。因此，不能把各个构成要素割裂成部分，而是要将它们作为整体来研究，致力于寻求各元素之间的有机联系、共生共存与运转有序。

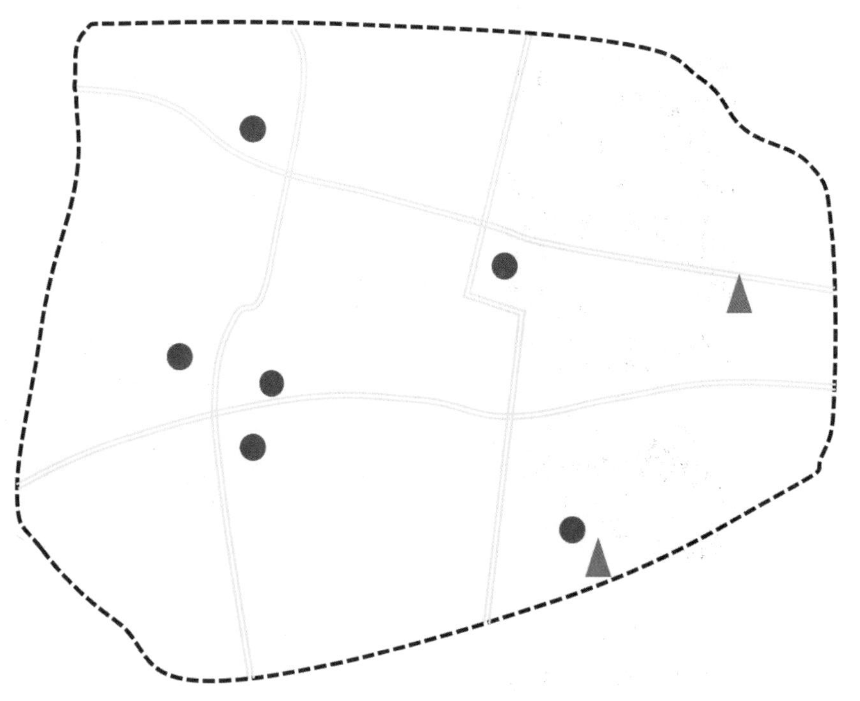

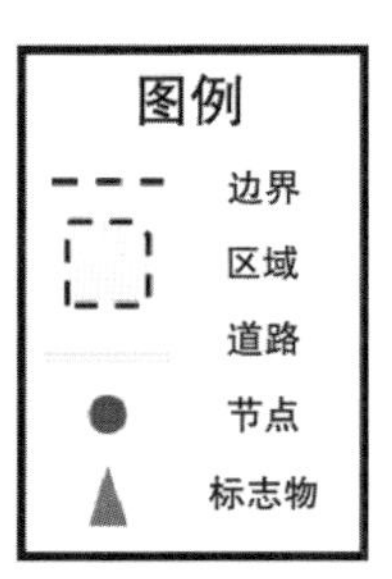

图25　合肥古城墙区域
（古城墙区域由商场、祠堂和楼阁等节点组成，护城河构成了合肥古城墙区域的边界范围，区域内道路连接了各个节点，标志物如包公祠与教弩台等建筑散布在古城内，区域内各个元素整体地交织在一起。）

· **连贯性**

由于城市空间在不同时间和条件下是具有多重意象的，例如在日夜、冬夏、远近、动静的不同条件下，城市构成要素在形态的处理上都应该具有一定的连贯性。城市中主要的标志物、区域、节点和道路在各种不同的状态下都应该可以被识别，如大雪纷飞和仲夏时节的天安门具有相似的形状，所以很容易识别（见图26）。这种连贯性会使得人们对于整个区域的意象的认知处在一个相对平稳的状态，城市的连贯性不会因客观原因而大幅降低。

· **意象性**

虽然复杂的现代城市需要连贯性，但它也需要通过单体特征的对比和个性来凸显和增强其意象性。随着人们对事物熟悉程度的增强，人们对细节和特征唯一性的关注也在不断增加。如果两个差异极大的元素存在着密切且可意象的关系，它们之间的对比也会进一步拉大，其中的每一个元素自身的特征也会随之强化。同时，城市空间区域的整体意象性，具有主导的轮廓和与之相对应的宽广背景、关键点和连接组织。如上海陆家嘴的“三件套”造型的特殊性（见图27）以及与周围的对比，增强了其意象性。

· **可塑性**

城市空间需要具有一定的可塑性和丰富的结构线索。假如通往某一个目的地只有一条主要道路、几个节点和一系列边界分明的区域，那么能够识别这条道路的意象只有这一种。由于人们的需要千变万化，在这种情况下道路的意象性就不具有可塑性。因此，在城市空间设计过程中应设置

图26　天安门冬夏对比示意图
（建筑轮廓极具特点，在不同条件下都有较强的连贯性。）

图27　上海陆家嘴“三件套”
（三座高楼的特殊造型，增强了其意象性。）

或保留特定的标志物或节点，提升空间的可意象性。如意大利佛罗伦萨教堂在城市空间中尤为醒目，让整个城市空间具有了较强的可塑性与丰富的结构线索（见图28）。

二、城市空间的元素设计

针对构成城市空间的道路、边界、区域、节点和标志物等五个物质性元素，我们来具体了解一下每个元素在城市空间环境中的相应特征，从而更好地完成相应的设计要求。

·具有可识别性、连续性、方向性与可度量性的道路

道路在设计过程中应具有四个特征：可识别性、连续性、方向性与可度量性。如果主要道路缺乏个性，或不易识别的话，那么就不利于形成城市的整体意象。可识别的特征可以是道路的特殊材质（水泥、石块、沥青等）、道路宽窄对比、道路附近的建筑立面和标志性建筑等。同时道路只要可识别，就一定具有连续性。连续性体现为林荫道成排的树木、人行道特殊的色彩或纹理、沿街建筑立面统一的古典样式等。可识别性与连续性二者是相辅相成的。如洛阳建设路整体体现出来的工业风格使得它极具辨识度与连续性（见图29）。

此外，道路还应有方向性，通过一些特征在某一方向上累积的规律性渐变，使沿线的两个方向能够容易区分。例如在接近市中心时，区域范围内历史建筑的递增，以及土地使用强度的变化，都能表达出道路的方向性特征。道路具有方向性之后，下一步就应该具有可度量性，人们借助

图28　意大利佛罗伦萨大教堂

（在一众相似的建筑中，大教堂的存在给予了人们意象性元素，使得人们能更好地去识别与定位。）

较为明显的节点或标志物来获得度量性，能够确定自己在整个行程中的位置。如北京建国路与东三环交汇处属于CBD区域，区域内的建筑相较于沿线的其他地方更显密集与高耸，人们借助道路周围的标志物或节点也可以获得可度量性（见图30）。

·具有可见性与连续性的边界

边界具有可见性与连续性。无论是由铁路、地形变化、高速公路，还是由地区界限形成的边界，都是环境中十分典型的特征，有助于划分区域。而当边界不连续、不封闭时，就有必要在它的末端设立明确的界标和能够使边界完整、定位明确的参照点。边界如果失去连续与可见的特征，那么人们就会认为边界缺乏联系且难以识别，边界的意象也就模糊不清。强大的边界不仅在视觉上占统治地位，在形式上也具有连续不可穿越的特征。如河北的正定古城城墙与护城河围绕着整个古城，在形式上具有可见性、连续性与不可穿越性（见图31）。

图29 洛阳建设路
（建设路沿线集中了涧西区工业建筑，这里有中国第一拖拉机厂、洛阳矿山机器厂和洛阳轴承厂等工厂，形成完整的工业建筑风景。在建设路北，一排排连续的红色建筑将人瞬间拉回到20世纪50年代的旧时光中，这些元素构成了道路的可识别性和连续性。）

图30 北京建国路与东三环交汇处
（自道路交叉口向四周延伸的方向，建筑高度呈现出越来越低的趋势，体现出道路的方向性。同时道路上有多个意象性较强的节点，如国贸、万达等，这也体现出道路的可度量性。）

· **具有连续性与鲜明性的区域**

城市的区域应当具有连续性与鲜明性。城市区域在最简单意义上是一个具有相似特征的地区，因为具有与外部其他地方不同的连续线索而可以识别。这种连续性体现在空间、建筑、植物、纹理和标志等视觉元素的连续。当然不仅视觉元素可以成为线索，声音有时候也很重要，从车水马龙的市中心到寂静的郊区也意味着区域的转变。此外，一个区域也会因边界的明确及围合等因素而导致其特征更加鲜明。如休斯敦市区高楼群凸显了区域的连续性与边界的鲜明性特征（见图32）。

· **具有明显视觉焦点**

一个鲜明的节点应当具有显眼、围合的界限，节点部分结构有视觉焦点。节点具有鲜明的边界时，人们就能清楚地意识到进入或者离开某个节点，这个边界可以是街道，也可以是建筑、铁路等。当一个节点的某一部分具有视觉焦点时，它给予人们的印象就会非常强烈与难忘，人们也能够更轻易地识别与辨认它。如天安门广场属于大型的节点，具有鲜明的边界与突出的视觉焦点（见图33）。

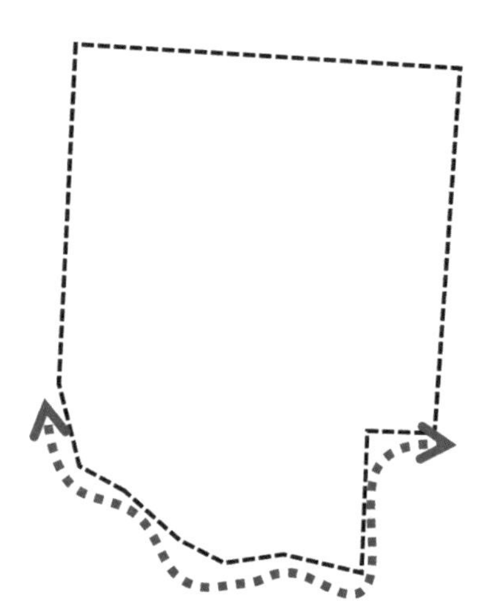

图31　河北正定古城

（城墙与护城河是正定古城空间形态主要的外部边界，蜿蜒的护城河与规整高耸的古城墙凸显出边界的可见性、连续性与不可穿越性特征。）

图32　休斯敦市区高楼群

[红翼天线公司（Red Wing Aerials）]

（市区内高楼林立，形式较为统一，与周围低矮建筑形成强烈对比，体现出区域的连续性。市区高楼被道路围合，凸显出城市群区域鲜明的边界。）

· **具有单一性与易识别性的标志物**

标志物的物质特征应具有单一性与易识别性。在整个空间中，标志物具有较为清晰的形式，或者在行人视角中与周围环境形成很明显的对比，才会被当作重要的事物。当人们走在一片低矮的居民区中时，形状较为特别或者体量较大的建筑、树木等元素就会被当作标志物。标志物并不一定需要巨大的体量，它可以是一个穹顶或者一个招牌，但是它的位置一定是非常关键的。这个关键指的是在特定的范围内标志物能够比其他事物更具有吸引力。标志物如果恰好集中了一系列的联系，那么它的意象强度就会大大提高。例如一个独特的建筑刚好是某件历史事件的发生地，那么它一定会是一个标志物。同时标志物如果聚在一起相互强化意象，肯定能达到1+1>2的效果。如日本东京塔在行人视角中能体现出标志物的单一性与易识别性特征（见图34）。

图33 天安门广场
（广场四面由街道围合而成，体现出鲜明的界限。广场内部有毛主席纪念堂与人民英雄纪念碑，广场空间因而变得十分独特，广场也具有很强的意象性。）

图34 东京塔
（高332.6米的东京塔在区域内与周围低矮的建筑形成明显对比，同时它的材质与颜色也体现出其单一性与易识别性特征。）

三、空间中的公共艺术

在城市的多种空间形式中，公共空间占了很大比例。公共空间的功能划分越来越精细，场所体现的功能定义也越来越清晰。而公共艺术是公共空间的艺术，城市空间公共艺术介入的着力点则主要在于城市街道、城市广场、城市公园、城市商业街区与城市节庆活动。

· 城市街道的公共艺术

街道空间是城市公共空间中一种线性开放空间，主要功能是负责交通运输和为居民提供公共活动。街道形成的城市意象往往具有指向性和连续性，街道沿着建筑形成各种形态各异的空间，街道通过公共艺术的规划可以形成一个地区的地方标志，增强地区的引导性和辨识度，可以形成多变的、连续的、整体性的街道空间。

蒙特利尔的公共艺术项目《移动的沙丘》是一个很有趣的处于街道空间的公共艺术作品（见图35）。作品通过对街道地面的干预设计，产生了巨大的涟漪，让人联想到身体或脸部的特征。反射球体和几何形状放大了图案，增加了视角。随着观察者的移动，整个街道空间发生了变化，形状发生了逆转，地面也变得活泼、不稳定。该项目激活了街道上的步行公共空间，成为该地市民和游客必去的场所。

· 城市广场的公共艺术

广场集中地体现了城市的整体风貌和形象，展示了该地区的地域文化和风土人情。广场通过公共艺术的创作实现了

图35 《移动的沙丘》（NÓS公司）

丰富多样的公共生活，是最能体现城市人文氛围和历史文脉的公共场所。因此，塑造城市广场的主题和个性是离不开公共艺术的。城市广场的公共艺术依托于城市的历史文化背景，使人们在公共生活中通过作品了解城市历史和文化，是公众和场所进行交流对话的重要媒介，调节了建筑与城市、公众与城市、自然与城市的关系。

武汉的光谷广场为六条道路交汇处的交通广场，是武汉市较为重要的交通枢纽。广场中央的《星河》雕塑融入了新的时代精神，是对武汉山水城市意象的艺术凝练与抽象表达（见图36）。“光谷，一个人才的聚集地，雕塑上每一个结点上星星点点的灯光，象征着每个人都能在这里发出自己的光芒。”夜色褪去时，《星河》又以曼妙的身姿幻化成城市的山山水水，在钢筋混凝土间，也饱含对这座城市的希望与寄托。光谷综合体地上景观除了《星河》，还有以“金木水火土”命名的绿化景观带，这些公共艺术设计使整个广场成了武汉市的新地标。

・城市公园的公共艺术

城市公园是综合性的公共空间，是反映城市文化建设和市民生活水平的重要指标，体现了城市生态环境、风景旅游和美学意象的价值。从城市公园的使用功能和社会价值来看，城市公园公共艺术的设置可以缩短艺术与公众的距离，提高公共空间的利用率，展现高品质的公共生活。因此，公园内的公共艺术具有多元化特征，涵盖了现有的各种形式的公共艺术，为公共艺术在公共设施建设方面提供了广阔的空间。此外，每个城市公园都有特定的主题，公共艺术需要根据限定的主题选择合适的表现形式。

北京奥林匹克公园的公共艺术设计是北京奥运会期间中国向世界展示自身文化形象的窗口（见图37）。奥林匹克公园的雕塑和艺术装置符合场地想要表达的主题。设计中对传统元素的提取和意象性的展示引导了公众对场地文脉精神的理解，实现了公众与公共空间的交流和对话，公共空间的公共性、艺术性和功能性通过公共艺术得以展现，从而塑造了城市的整体个性与文化形象。

・城市商业街区的公共艺术

商业街区作为城市的公共空间，通过与公共艺术相结合来展现一个城市或区域的精神面貌，从而提升整体的城市形象。公共艺术凭借对城市历史文化的物质化表达，提高了商业街区的环境氛围，在一定程度上成了众多商业街区的竞争优势。市民和游客在购物期间，商业街区不仅能满足物质需求，还能满足精神需求和视觉需求。

王府井商业步行街是具有中国传统商业形式的步行街。步行街拥有传统的百货公司，包括北京传统老字号店、品牌专卖店、知名小吃店和电器店等。街区内的公共艺术作品基本都以展示王府井商业步行街的悠久历史为主题。步行

图36　《星河》［北京央美城市公共艺术院（CAPA）］

图37　北京奥林匹克公园内的公共艺术装置（部分）

街内的公共艺术作品的表现形式多以写实人物雕塑为主（见图38）。这些雕塑经常被放置在商店的门口或周围区域，以展示老字号商店的悠久历史和传承。它们展示了北京的传统民俗文化，讲述了这座城市的历史，形成了我国首都独特的标志性公共空间。

王府井商业步行街除了传统人物主题的雕塑外，也有与现代技术相结合的空间艺术装置。如中央美术学院黄建成教授在So Real北京王府井商业步行街超体空间艺术装置的基础上，重新打造了“清明上河图·艺术改造计划”VR空间版（见图39）。装置以北宋时期的清明上河图为原型，与VR成像技术相结合，形成一种虚拟与现实相结合的空间动态视觉体验，对原有的画面进行了解构和异变。作品希望通过在清明上河图中还原组合出来的动态中国古代繁华都市，与当代都市时尚街区进行对话和交融，同时契合这个具有未来感的大型艺术装置。这个特殊的场域借助公共艺术的形式，让更多的人来参与、记录、体验和感受社会时空的变迁。

· 城市节庆活动类的公共艺术

由于艺术形式的不断丰富和包容，城市节庆活动类的公共艺术作为一种新的社会艺术功能成为热点话题，逐渐承担起展示国家区域文化精神和形象的重任。这类公共艺术突破以往用雕塑、壁画与大众建立交流的固定模式，在形式上更具活力，更能体现公共精神。

奥运会作为人类体育界大型的公共活动，与城市公共艺术有着密切的联系。奥运会在各国的举办从开幕式、奥运会场馆设计、奥运城市景观到各类奥运纪念雕塑与建筑等，都为城市公共艺术提供了施展空间，并对一座城市的公共艺术发展产生了巨大影响。其中，奥运会开幕式被视为向世界展示本国历史文化最直观的方式（见图40）。

城市是积淀历史文化的容器，历史文化则是城市的灵魂所在。随着公共艺术介入不同类型的城市空间，公共艺术作为城市空间的美学象征，为城市注入了文化灵魂，再现了城市历史，构建了城市人文与地域精神，它融合艺术、自然和建筑的边界，营造了一个宜居、艺术化的生存环境。同时，城市规划者通过公共艺术的介入来弘扬城市的公共精神，体现市民的意志，表达大众的意愿，提高公共艺术在城市中的美学意义和价值，发展出属于每个城市特有的城市意象与在地精神，造就一座具有地方精神、具有深厚文化美感、充满活力并深受人们喜爱的城市。

图38　王府井商业步行街内的传统民俗雕塑

图39　“清明上河图·艺术改造计划”（中央美术学院城市设计学院）

图40　2022年北京冬奥会开幕式
（艺术家蔡国强用了简单的银白色呼应冰雪主题，一根根银白色松针烟花聚集在一起形成了一棵棵“迎客松”。作品化繁为简，用最简洁的银白色将中国美学藏进烟火。）

课题3

选择一些不同属性的公共空间，对它们进行设计元素的思考与分析，用图片的方式记录和整理其公共艺术介入不同属性空间的特点与作用。

要求：

1. 选择不同属性的城市或乡村公共空间，可以是街道、广场、公园、商业街区、节庆活动等，分析公共艺术介入其中的特点和起到的作用。
2. 重点针对其中某一类公共空间的公共艺术进行分析，尝试用更多的案例进行横向比较，得出一定的结论或观点。

难点：

不同空间的公共艺术或者同一类空间不同类型的公共艺术，其特点和作用需要去查阅大量资料进行理性梳理，寻找其中的共性规律。

学生作业示范（见图41、图42）：

公共艺术介入不同属性空间的特点和作用

城市街道

特点：城市街道空间的活力可以带动城市活力，所以街道公共艺术的关键是具有空间活力。
作用：通过公共艺术设计可以控制人们的视觉中心点和心理感受，利用街道的尺度和空间的转折，经过公共艺术的改造及合理的设置节点来丰富公众的视觉韵律，塑造变化和整体统一的街道公共空间。

城市广场

特点：广场作为城市空间中充满活力的节点，与街道空间最根本的区别是广场空间是一处可以让公众拥有自我领域的空间，其公共性更加突出。
作用：集中体现了一座城市的整体风貌和形象，展示了地域文化和风俗，并通过公共艺术的打造来实现丰富多样的公共生活，是城市公共空间类型中最能反映一座城市的人文气息和历史文脉的场所。

城市公园

特点：公园内的公共艺术具有多元化特征，涵盖了现有的各种形式的公共艺术，同时每个城市公园都有特定的主题，为公共艺术在公共设施设计方面提供了广阔的空间。
作用：城市公园是一个综合性的公共空间，成为城市文化建设和市民生活水平的重要指标，体现了城市的生态环境、风景旅游、美学意象的价值。城市公园能够形成区域的中心或核心，成为让市民产生认同感和归属感的场所，为公共生活提供更具有艺术气息的交流平台。

商业街区

特点：商业街区公共艺术建立在商业综合空间内，使商业空间转化为艺术空间。在满足人们购物需求的同时，还能使人们的购物行为上升到一种参与社会活动的互动性体验。
作用：商业街区是城市公共空间的重要组成部分，其经济效益、环境效益和美学效益对整个区域的影响是不可忽略的。商业街区的美学效益可以促进城市人文环境的营造，使人们深入感受城市的文脉气息。

特点：节庆活动类公共艺术打破了以往用呆板的雕塑和壁画与公众建立交流的固定模式，使公共艺术的形式更加充满活力，更能体现公共精神。
作用：节庆活动类公共艺术作为一种新生的社会艺术功能，不论是从公众参与性还是艺术性，都能承担起展现一个国家地域文化精神和城市形象的任务。各种不同的表现形式也充分体现了节庆活动类公共艺术在公共空间中的开放性与多样性。

图41　公共艺术介入不同属性空间的特点和作用（设计学硕士2103班 李科宇）

节庆活动类公共艺术与传统的雕塑、壁画类的公共艺术有一定的不同，它是一种公众的欢庆活动，是地域性文化的集中体现，且广大市民是节庆活动类公共艺术的参与主体。其本质是为市民创造，服务于市民的。同时，节庆活动类的艺术造型和设计灵感也源自市民的公共生活，从静态的造型观赏到动态的民俗表演，各种不同的表现形式充分体现了艺术在公共空间中的开放性与多样性，极具公众参与性。

图42　节庆活动类公共艺术（设计学硕士2103班 李科宇）

第二章

CHAPTER 2

城市景观规划

课题的前期引导

在上文中，我们将城市空间的物质性意象元素分为五个要素，即节点、道路、边界、区域、标志物，它们统一构成了我们对于城市的整体意象。其中，公共艺术是城市意象塑造过程中的高潮部分，其往往以具有象征意义和标示性的艺术形象构成个性化的城市环境，从而实现城市的景观价值。同时，公共艺术是无法离开城市空间孤立存在的，其价值的实现必须以相适应的环境景观要素为基础。

那么，城市景观规划是从城市角度出发，对城市各项环境景观要素采取保护、利用、改造和发展等措施的总体性政策要求和宏观布局。它提供了公共艺术规划的整体框架和理论基础，是对城市结构进行整体规划的手段之一。在本章内容中，我们将进一步剖析城市景观规划与公共艺术设计的关系，对城市景观规划进行整体性的了解，以便我们更好地展开公共艺术的深入设计（见图1）。

图1　太平洋广场（Pacific Plaza）

第一节 公共艺术设计与城市景观规划

在城市景观的塑造中，公共艺术是贯穿始终的，其存在于景观规划的各个要素中，对空间内涵进行具体诠释和总结提升。公共艺术对于城市景观的意义不仅在于亮点提升和个性塑造，更重要的是，通过对场所空间的塑造和控制进一步影响公共空间，其和景观规划主题及整体城市的系统组织都是相互连接的。以具有象征及标志性意义的公共艺术为主体的景观营造往往是景观个性化主题的直接阐述者和整体景观空间的主要记忆点，同时也彰显了景观背后所承载的城市文化和城市精神。

换言之，一个优秀的公共艺术作品是无法单独存在的，无论是其所采用的形式语言，还是材质、主题立意等，都必须和景观、建筑、城市空间深度融合，相互联结，这样才能融入环境发挥其应有的功能。具体来说，公共艺术和城市景观的链接主要分为表层和深层两部分。

图2 深圳市罗湖区机械雕塑（直角建筑摄影）
（雕塑以“活力城市”为设计理念，在形体上，雕塑由六组同心扇形圆片构成，并以错落的几何形态呼应了深圳自改革开放以来不断涌现的高楼大厦，以此获得与整体环境的形式和谐。整体设计层次丰富，层叠错落，反映了“活力城市”的自由形态。）

一、表层链接

两者的表层链接是指公共艺术设计对于城市景观规划主题意象的继承和融合，这主要通过形态、材质、色彩三方面来体现。

· 形态

形态是公共艺术作品给人们带来的第一印象，也是公共艺术最主要的构成要素。在设计中，我们需要考虑不同观赏角度中的动态形态与整体环境的连接，以此来取得和周边环境的和谐。在具体的公共艺术设计中，形态往往是和景观设计本身的主题或者整体的空间氛围相关联的，景观中的形式要素往往会延续到公共艺术的设计上。同样，公共艺术作品由于其独特的造型及丰富的内涵而很容易形成空间中的视觉焦点，其形态也往往来自整体空间设计的氛围需要等（见图2、图3）。

图3 石家庄融创未来中心幼儿园景观项目（栾祺）
（设计师首先在景观语言上延续了主体建筑的曲线形态，形成了景观空间和建筑空间的统一。同样，曲线语言也被延续使用在户外互动装置的设计上。设计师不仅使用“无限环”的装置概念统一场地，并且将曲线形态融入景墙设计及各种游戏互动设施中，创造了连续而丰富的玩耍活动空间。在取得建筑一景观一公共艺术三者形态上一体化的同时，也结合了“艺术、自然、探索”的主题，从而为孩子们提供了多样的室外空间。）

·材质

在材质的选择上，为了与景观空间获得相对和谐，公共艺术作品往往使用一些自然材料，如木材、石材等，或者采用不锈钢、玻璃等，以此来更好地融入自然环境。一方面，景观空间中的公共艺术作品材料的选取和所处环境要与表达的主题相关；另一方面，材质也是加强整体氛围、使公共艺术作品和景观空间取得和谐氛围的重要因素（见图4、图5）。

·色彩

和形态一样，色彩也是公共艺术的主要构成要素之一，同样也是决定公共艺术作品整体基调和期望达到的空间氛围的重要因素。在明快、简洁或者较为灰暗的环境氛围中，为了增加公共艺术与周围环境的对比可以选择更为鲜亮的颜色，以此成为整个空间的焦点，来达到集中视线、控制空间的目的。不同的色彩还能决定不同的场地氛围。色彩不仅是视觉审美的核心，而且在一定程度上决定了场地的整体氛围基调，深刻地影响着观赏者的视觉感受和情绪状态（见图6、图7）。

图4　葵涌河景观提升工程中的抗日历史展墙设计（马晓奇）
[一些历史类景观展墙设计会选择视觉感受较为浑厚的材质（如锈蚀铁质板等）作为基底，以此来映衬历史主题的厚重。]

图6　佛山保利映月湖天珺公馆（重庆捌零摄建筑摄影）
（项目中超出常规体量的艺术装置以引人注目的橙色从灰色的环境背景中轻松跳脱出来，形成了鲜明的对比关系，同时亮丽的颜色也吸引人们与之进行互动，更赋予了整体场地新的活力。）

图5　上海君御公馆展示（view建筑摄影）
（U形玻璃可以通过其独特的透光性来营造一种极致的朦胧感，因此常常用在景墙设计和玻璃幕墙中。夜晚降临时，U形玻璃配合良好的灯光设计可以最大化发挥其装饰效果，并配合景观空间进一步烘托出宁静安详的氛围。）

图7　西安未央168商业街区露台改造（李晔）
（设计中大面积使用了黄色，与原本建筑的灰色相比，黄色的艺术装置更为出挑和显眼，也增强了其“装配式”的感觉。同时，相比于灰色的厚重、冷淡，黄色更为轻快、鲜亮，更适合商场的活力氛围，让空间更温暖且令人愉悦，让原本空旷落寞的露台重新获得生机和人气。）

二、深层链接

两者的深层链接是指公共艺术对于城市景观规划空间气质的融合及对于整体景观空间氛围的提升，主要包括空间控制、空间引导、氛围营造三个方面。

· 空间控制

由于公共艺术往往集中反映了景观场所的空间特征和主题形象，因此常常被置于空间焦点处。它对于空间的控制不仅体现在实体体积的占据上，还体现在通过独特的造型和丰富的内涵来对所处场地进行视觉的控制上。一方面，这种影响力由公共艺术为基点向外扩张；另一方面，公共艺术实体的存在对于周边景观空间起到凝心聚力的作用（见图8、图9）。

图8　第一次世界大战百年纪念馆（Letts Wheeler Architects）
（圆形纪念空间的中心矗立着一根5米高的波特兰石柱，水平的环状空间和垂直的石柱形体的结合既创造了一个引人注目的视觉地标，同时将四周本就聚拢的空间进一步凝聚，达到了控制视线的目的。）

图9　诸暨市中共“一大”红色教育基地（赵强）
（基地整体设计以空间叙事的方式逐层展开，而位于叙事高潮的纪念碑形如三面红旗，高19.27米，呈攀升之势，其挺拔向上、逐层突破的艺术形象和场地中保留的裸露山岩形成了戏剧性的对比。新纪念碑呈现暗红色，具有历史的厚重感，同时又宛如从岩石中腾空而起的火焰，不仅代表着整体历史叙事的总结和升华，也以坚不可摧的硬朗造型成为整个场所的视线汇聚之处，展现了空间的精神力量。）

· 空间引导

在一些例如城镇街道、河滨跑道等的线性景观空间中，公共艺术往往以明确的指向性和语言形态成为空间的标志，以起到引导人群、增添动势的作用。同时，这类公共艺术往往动势较大，其跳跃的艺术形象也能很好地融入线性的场地形态中去（见图10、图11）。

图10　曹山未来城文旅社区（安道设计）
（在“曲桥”场景中，设计在原有道路形态的基础之上又结合当地的竹编元素，形成了连绵起伏的艺术形态。同时该设计对场地中不同的游人视线位置和空间围合程度也相应地做出回应。“曲桥”婉转曲折的自然语言暗示了空间的连续转折，不断变化的空间形态呼应了道路的开合；另外，连绵起伏的立面形式也为游人的行进视线与场地景致的动态耦合提供了空间基础，持续引导着游人视线的变化。）

· 氛围营造

公共艺术作品从景观场地中汲取场所精神并加以活化显示，以加强整体空间的氛围。不同的景观场地氛围对于公共艺术的需求都不尽相同。例如在一些向心性活动空间中，公共艺术作品往往充满流畅的动势，而在一些纪念性的空间中，作品形态往往静穆、沉稳。设计师还可以利用声、光、电或其他的空间装置来引导人的情绪，从而奠定和加强整体场地的氛围基调。而在一些开放的活动性空间中，作品形象往往轻快活泼，颜色也趋向鲜明亮丽（见图12、图13）。

图11　智能媒体森林（j2odesign）
［由朴宰完和李在成于2017年在韩国首尔设计的雕塑智能媒体森林（Smart Media Forest）整体上保持了街道线性的空间形态、景观铺装的形式语言和自身线型形态的统一，其悦动的体态呼应了整体城市街道的活力气氛，并在街道转角处进一步汇聚上升，还加强了对于人群的视线和街道空间动势的引导作用。］

图12　纪念北京外国语大学建校八十周年公共艺术作品《永无止境》（金伟琦）
（设计以横向的艺术形态模糊了空间中本身错位的双轴线，成为校园入口轴线空间中的焦点，而且以充满张力的环拱形态和与周边环境相呼应的耐候钢材料，奠定了整体公共空间厚重沉稳又富有动感的、灵动的氛围和气质。）

图13　《山水风光》艺术装置［摄影：吉米·何（Jimmy HO）］
（装置处在一片气氛开放欢快的公园草坪上，其整体起伏的自然形态取自中国香港地区最为丰富的丘陵景观。设计同时将技术与艺术的自然形态结合起来，利用温度和热量赋予氧化金属材质花片不同的颜色，而当观众位于不同的角度时，其看到的装置色彩与形态也将不同。当夜幕降临时，艺术装置被灯光映衬得更为朦胧、美丽。整体而言，该作品以多变、灵动的形态和轻快、明亮的色彩融入了自然环境，其多变的形体和色彩更加强了轻松、活泼的场地氛围。）

三、公共艺术规划

从城市景观和公共艺术的表层到深层的链接不难看出，城市—景观—公共艺术实际上构成了一个相互影响的层级系统。为了使公共艺术能够更好地融入整体的景观或者城市空间中，在进行具体的公共艺术作品设计之前，如果能做好宏观层面的公共艺术规划设计，则将达到系统性和整体性地把握公共艺术与城市景观深度融合的目标。

概括来讲，公共艺术规划是指对公共艺术在城市公共空间中进行系统组织和计划，其意义是从宏观角度来把握公共艺术要素对城市整体空间的影响，以及其对城市整体文化精神的继承和表达。公共艺术规划以专项规划的方式融入城市系统规划，使公共艺术有秩序、有步骤地进行，成为城市建设的有机部分。公共艺术规划的总体设计与理论基础是城市景观规划，其主要内容可以理解为在城市景观规划的整体框架中同时考虑公共艺术设计。因此，在探究公共艺术设计之前，我们有必要了解和掌握城市景观规划的内容。

课题1

选择某城市的不同公共空间，对其城市景观和公共艺术从表层到深层的链接进行思考与分析。用图片的方式记录和整理其公共艺术设计与城市景观规划的关系。

要求：

1. 选择不同属性的城市或乡村公共空间，可以是街道、广场、公园、商业街区、节庆活动等，分析其中公共艺术在形态、色彩、材质等方面的运用和效果。

2. 重点针对其中某一类公共空间的公共艺术，尝试从空间控制、空间引导和氛围营造等方面进一步剖析其与城市景观的深层链接作用。

难点：

公共艺术设计与城市景观规划的不同层次链接，需要建立在对城市空间环境的整体性、系统性的分析与研究基础上，要求学生对所属城市的历史与文化要有深入的调查和了解。

学生作业示范（见图14~图18）：

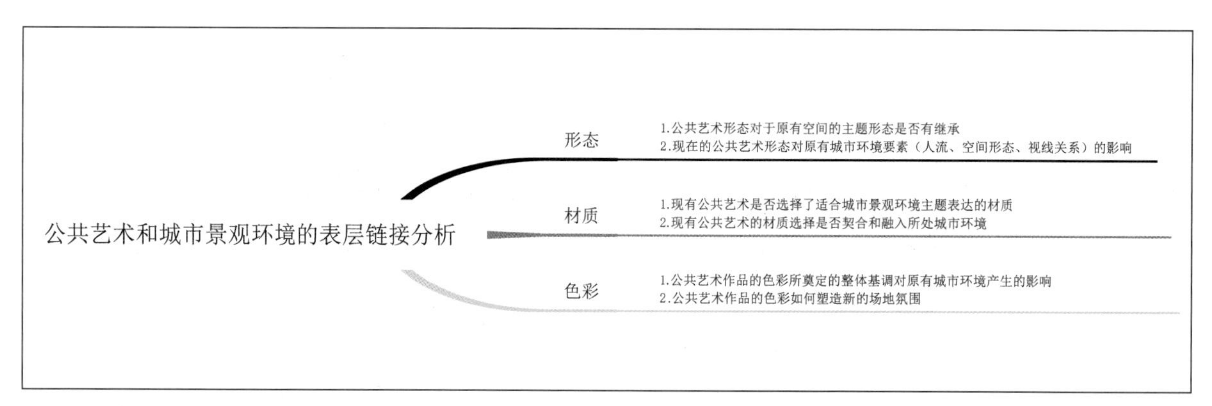

图14　公共艺术和城市景观环境的表层链接分析范例

滨水街道空间公共艺术表层链接分析

漂浮的森林

设计方：博埃里建筑设计事务所

设计年份：2022

项目地址：意大利 米兰

项目简介：由 STEFANO BOERI INTERIORS 设计的米兰 DARSENA 水域的一个有意义且可识别的景点，是城市景观中的一个引人注目的元素。项目同时也是 TIMBERLAND 品牌理念展示的一部分，设计中通过装置的路径有四个与不同感官相关的基本点，并将引导参观者与最新的生态产品创新和品牌价值进行互动。

形态：

设计在形态上一方面与原有滨水街道平行处理，最大化减少对原有场地的干扰；另一方面压缩场地入口，加强设计内森林自然的空间形态与原有街道空间形态的对比。

材质：

在材质的处理上，设计选用了镜面材质，从而完美地反射周围的滨水街道景观环境以融入其中，产生漂浮感。另外，场地内部大量木色的使用也符合滨水街道开放、宜人的空间氛围。

色彩：

设计中大量绿色植被的选用，以及浅色木板和镜面材质对于周边环境的反射景象，都使得设计呈现出一种对于原有场地的融入姿态。同时，大量的绿植和木色的使用也大大增强了设计的亲和性，强调了原有场地的开放和自然属性。

图15 滨水街道空间公共艺术表层链接分析范例

社区景观空间公共艺术表层链接分析

邻里峡谷会客空间

设计方：大小景观

设计年份：2022

项目地址：中国 成都

项目简介：邻里峡谷（汀院）位于成都天府大道南延线麓湖生态城。场地的建筑围合形成了较为封闭且有较大高差的景观空间。顺着这条脉络，我们研究出一套基于空间竖向关系的设计手法，并由此带来了一种新的空间体验。邻里峡谷体现了地形的塑造策略及关于地形的当代内涵。

形态：

设计在形态上延续了“峡谷”概念，以起伏的山脉形态对整体景观主题做出回应。同时，起伏的造型所产生的包容感也极大地渲染了社区空间的宜人尺度。

材质：

在材质的处理上，表面喷漆处理的钢板材质使得顶部光线变得相当柔和，从而创造了一个符合其社区会客空间定位的十分宜人的氛围。

色彩：

白色的颜色处理能够使装置很好地融入自然环境之中，既醒目又不显得突兀，并且产生一种轻盈感，能够很好地减少狭窄地块带来的压迫感。同时白色的颜色选取配合适当的光照可以很好地营造出适合人们交际的空间氛围。

图16 社区景观空间公共艺术表层链接分析范例

公共艺术和城市景观环境的深层链接分析

- **空间控制**：公共艺术作品对于原有城市环境所产生的视觉引领作用和空间形式上的聚心作用
- **空间引导**：公共艺术作品对于原有空间动势、人群流线和视线的引导作用
- **氛围营造**：公共艺术作品对于原有城市环境中场所精神的提炼和精确表达，以及对于更为广袤环境氛围的营造和奠基功能

图17 公共艺术和城市景观环境的深层链接分析范例

广场空间公共艺术深层链接分析

DIVIDED 灯光艺术装置

设计方： SPY

设计年份：2022

项目地址：希腊 雅典

项目简介：西班牙艺术团队SPY的新作品 DIVIDED 是一个巨大、明亮的红色球体，由两个发光的对称体量组成。SPY 创造了一颗“星球”以阐明地球上居民关系的重要性。正如项目的核心理念所表达的，通过将差异理解为互补而不是分离，人们可以更轻易地克服相互排斥，两个元素也可以互相增强与促进。

空间控制：

装置以其独特的形态和巨大的体量对整体的城市空间产生了巨大影响。夜幕降临，装置和雅典卫城遗址遥相呼应，共同成为城市中的视觉焦点。

空间引导：

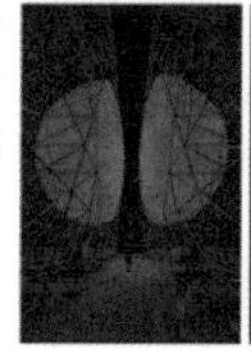

分为两半的球体与其高耸的形体，促使人们进入装置并与之互动。与两边红色的半球形成对比的是，中间一道漆黑的通道对人群产生了巨大的引导作用。

氛围营造：

漫射的红色光线与空旷的广场形成对比，营造了对比强烈的、绝佳的氛围。同时在整个城市尺度上，装置的介入也使其更为奇幻。

图18 广场空间公共艺术深层链接分析范例

第二节　城市景观规划的基本流程

城市景观规划的目的是构建与现状环境相协调的发展模式，以及促进城市良好景观体系的形成。城市景观规划不仅要创造高品质的景观环境，还要反映城市历史文化和精神面貌，以此来满足居民更高层次的需要及可持续发展的要求。城市景观规划作为城市环境的创造者和人与自然关系的协调者，是对城市内部景观物质要素的规划设计，其主要设计内容包括街道景观设计、滨水景观设计、广场景观设计、公园景观设计、居住区景观设计等。

在中国过去20年快速的城市化进程中，景观设计行业得到了蓬勃的发展，这使得城市的开放空间和绿色空间发生了巨大变化，为我国的城市发展提供了重要的人居环境基础。一个良好的城市景观规划可以给城市建设带来美好的空间环境，是满足居民对于城市生活环境品质和精神生活质量高要求的基础，还是解决城市空间发展问题的关键点。

例如，由于城市发展模式的转型，一些曾经辉煌的工业建筑往往面临着荒废或拆除的命运。而适当的城市景观规划的介入则可以让这些旧的厂房遗址重获新生，并大大增加其在我们城市日常生活中的参与度。在这个过程中，新的理念和技术与旧的空间和记忆往往也会不断碰撞（见图19、图20）。

另外，城市景观场地中多样的城市家具和公共艺术作品可以直接对市民的城市生活产生巨大的积极影响。不同形态的城市家具可以提供不同的功能，以达到优化城市空间体验、辅助城市生活、满足不同群体需求的目的（见图21~图23）。

图19　江门粤海城甘蔗化工厂旧址新象全貌（前方空间摄影 罗志宗）
（该设计对城市空间发展中的诸多问题都给予了回答。20世纪时，江门市是广东老牌工业重镇，江门粤海域甘蔗化工厂曾是亚洲最大的糖厂，而今则全归于沉寂，仅留下几处工业遗址。另外，在城市化进程中，江门市也面临着城市韧性不足、生态退化、公共空间利用率较低等问题。对甘化厂滨水景观的重新规划则成为培育城市滨水区域生态、提升生态系统服务、优化城市公众休闲设施、保留城市记忆的突破口。）

图20　江门粤海城甘蔗化工厂旧址新象（前方空间摄影 罗志宗）
（设计中的广场展示装置就是新的艺术和工业的结合：夜幕降临，装置生动跳跃的形象和其后静默沉寂的厂房遗址形成了鲜明对比，公共艺术以其特殊的方式在此记录故事，其新的介入成为新旧文化和空间共同的载体，也成为城市市民和历史场地之间新的情感桥梁。）

图21　太平洋广场
［太平洋广场为达拉斯市市中心商业区的室外体验做出了巨大贡献。场地界面与周边城市环境保持了开放的状态，并且为多个年龄段人群及其不同的活动提供了场地支持，同时以精致的设计细节致敬当地历史，并最终和城市环境深度融合、互补。设计同时将场地一角抬高，以此来规避城市交通和噪声，并将市民导向其巨大的中央活动草坪。The Thread（贯穿整个广场的186米长的座椅石墙）更将公园统一为一个连续、和谐的整体。］

图22　太平洋广场
（入口处巨大的圆形凉亭不仅延续了整体场地的曲线形式，而且以巨大的包容性形态吸纳了场地周边的复杂人流，并将其汇聚和引导进入场地。凉亭下的环状空间与其中心隆起的草坡为市民们提供了一个场地氛围惬意、自然环境优越的休闲场地。）

图23　太平洋广场
（而在另外一边的硬质广场上，红色的艺术装置不仅满足了夜晚的照明需求，而且其活泼的造型语言和鲜亮的颜色也营造了类似于游乐场般的氛围，进一步塑造了场地的欢乐气氛。多样的公共艺术设计满足了不同年龄阶段的人群需求，从而实现了城市环境中的场地价值。）

从上面两个例子我们不难看出，一个优秀的景观规划方案可以对城市空间的发展产生重大的积极影响。但我们也要知道，一个完整的设计方案从最初的概念提出到最终的施工落地需要经历多个阶段。总体而言，城市景观规划的方案设计阶段主要分为前期、中期、后期三部分。其中，设计前期主要是设计场地相关的基础资料收集阶段；设计中期即方案设计阶段，是对前期收集资料进行分析整理，以及整体规划概念的提出和深化表现；设计后期则是将中期的规划设计方案进行施工图深化设计，并最终建设落地。对景观规划设计而言，最重要的就是对场地资料的整理分析和整体规划方案的设计。

此外，从公共艺术规划的角度而言，景观规划中的场地分析和整体规划方案部分的内容也能很好地帮助公共艺术设计师了解和把握场所特征，从而更好地将其作品融入场所环境中。

一、场地分析

在整体规划设计之前，有必要明确一些场地环境的基本情况，包括所在地区综合土地规划、城市历史文脉分析、地块现状和周边环境分析、场地使用人群及活动方式分析等等（见图24~图27）。

综合土地规划通常从对项目场地周围区域的调查入手，包

图24　某水线公园景观规划城市发展背景分析
（土地规划分析是景观规划文本前期内容的重要组成部分。例如在重庆某水线公园方案文本的前期分析内容中，我们从其首页便可以快速得知一些城市发展背景的关键信息，即“沿江绿色发展轴”和“保护和修复长江生态环境”，这两个要点即确定了整体规划设计的宏观要求和基本走向。）

括场地与周边临近区和待开发地区的相互联系，官方区划规定和相关法规等，是较大层面的城市景观规划的背景分析。

城市景观规划不可能脱离城市空间而存在，因此必须考虑整体城市文化的延续性。一般而言，城市历史文脉分析主要包括历史城市发展历程分析、人文背景分析和文化意象分析等，这一阶段的分析结果往往作为文化概念基底贯穿整个设计过程，也是整体设计意象的主要来源。

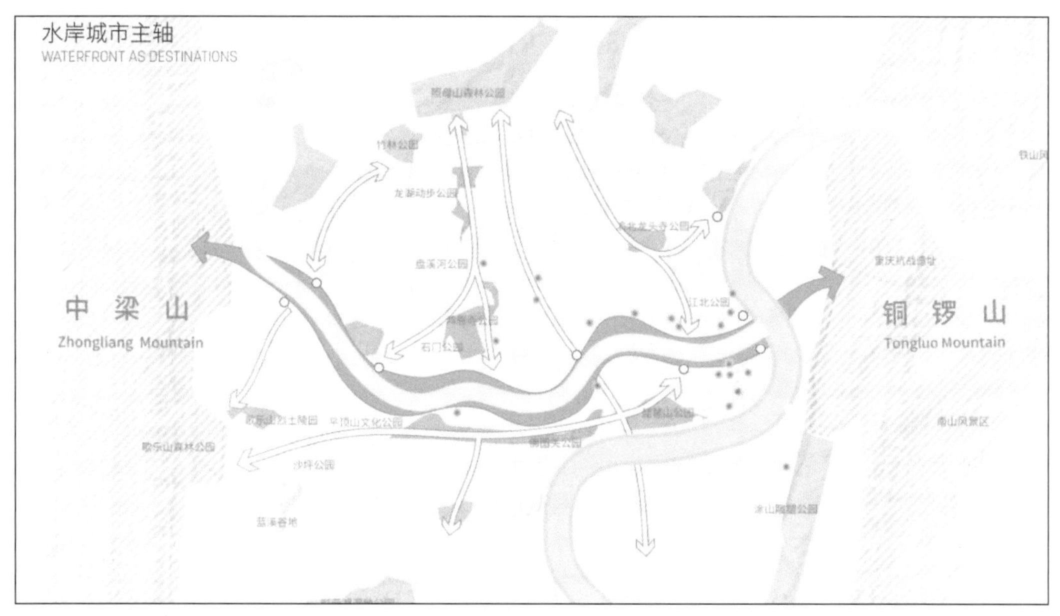

图25 某水线公园景观规划水系轴线分析
（我们可以得到场地与周边城市环境的宏观联系，并通过对宏观联系的分析进一步明确设计场地在整体城市框架中的宏观功能定位和发展定位等。）

图26 某水线公园景观规划城市印象分析
（第三页和第四页文本是对目标城市的具体人文背景分析。例如设计师接连举出“山城”“桥都”“雾都”“渝都”“梯坎”“夜景”等城市印象，这既是对目标城市文化特色的高度总结和浓缩表达，进一步划定了设计的整体氛围和可能出现的文化意象，也是对前文城市层面中总体定位规划的补足和推进。）

在选定地块之后，我们应该通过实地调研来把握场地的感觉以及场地与周边区域的关系，从而全面掌握场地状况。在这当中只要是对场地或其用途有任何影响的因素都应加入整体规划因素考虑，这些因素可以大致分为宏观和微观两个部分。

宏观因素分析主要指宏观层面下的场地与周边城市环境的联系分析，通常包含了对于场地空间的整体问题分析和相应的设计策略，这些问题和策略对目标场地和周边城市环境的相互关系进行了挖掘和说明。这些相互关系往往包含多个层面，例如场地周边的生态关系、场地与周边地块的视线关系、周边城市环境对于场地要求的功能关系等。而后，这些关系通常将被转换为设计问题的形式，设计师最终将针对这些设计问题提出相应的解决策略（见图28）。

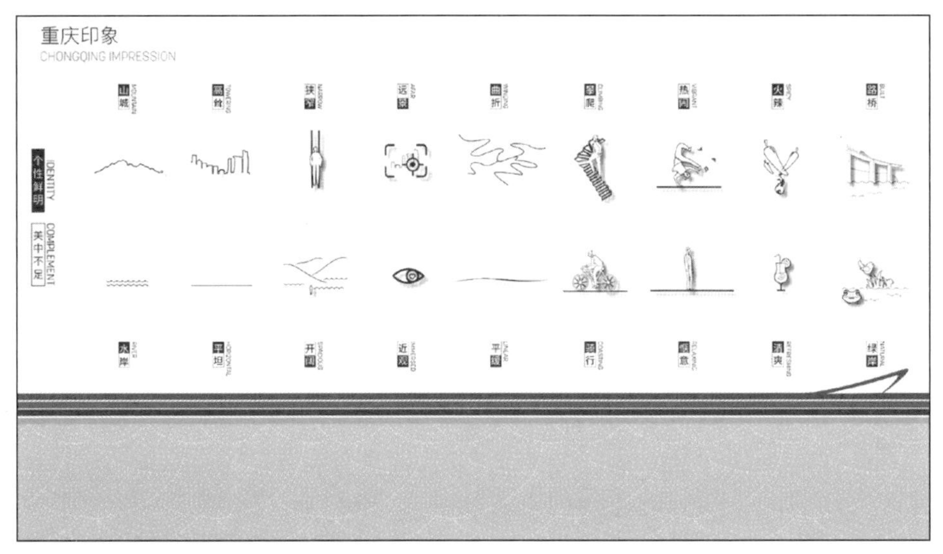

图27　某水线公园景观规划城市印象空间分析
（在此页中设计师将前文出现的城市印象进一步具体化，形成可操作性的空间特征，例如将“梯坎”具化为“攀爬”，将“夜景”具化为“远景”“高耸”等。这些空间特征是对前文城市印象的提炼和具化，同时由于其可操作性，也往往会成为后文具体的景观规划设计中重点考虑和展现的设计特色，或者成为其最为鲜明的空间标志。）

图28　某水线公园景观规划目标地块宏观因素分析
［在这里，文本对设计场地中的诸多因素都进行了分析，例如场地与周边的居住区缺乏联系，场地被城市道路割裂，场地沿道路空间及桥下空间缺乏有效的功能布置等。文本同时也对场地中一些积极的要素（例如具有开发潜力的绿带空间和水岸开放空间）进行了分析。］

微观因素分析则更倾向于对场地内部要素的分析，相比于宏观要素，微观要素更关注人体尺度下的场地中的细微和多维度的感官体验，包括但不限于：

- 显著的自然特征和自然保留地界
- 消极的场地因素，例如荒废的构筑物、灾害遗留和杂乱荒地等
- 周边及场地内部的交通流线和相对容量
- 场地出入口
- 潜在的建筑物位置，功能分区，人群流线
- 良好的观景点
- 最佳景观点和欠佳景观点
- 场地盛行风向和小气候分析
- 其他具有特别意义的因素

例如，一块平坦开放的草地往往作为集中的公共休闲场所而被保留，人们可以在这里开展各种户外活动；而场地内氛围较为幽静，或者景观面良好的区域则是最好的休憩地，往往布置漫步道和观景平台等（见图29）。

开放的公共场所往往适合开展各类休闲活动

氛围较为轻松私密的场所往往适合休憩、密谈

开放而具有向心力的场所适合开展集体活动

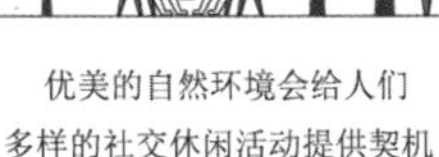

优美的自然环境会给人们
多样的社交休闲活动提供契机

显著、丰富的自然景观会成为未来主要的景观点

开放平坦的草地能够承载很多的户外活动

良好的公共设施的布置是
户外景观场地运行的基本条件之一

依附连续的景观面时可以考虑设置观景步道

图29 场地中一些值得注意的微观景观因素（自绘）

通过对场地因素的整体分析，设计师能从宏观和微观两个维度全面而准确地把握场地特质，从而明确场地中有哪些可以被利用、需要保留强化或摒弃的特征等，由此而新介入的设计策略才能发挥其最大价值，并且以最为自然有效的姿态融入原有场地。

在对场地要素进行分析的同时，我们也需要对我们的设计主要面向人群有所了解，以此来明确设计的主要功能导向和整体氛围要求。一般而言，景观设计面向的人群类型都相对复杂，不同年龄、不同性别、不同社会和文化背景的人，其审美情趣和精神向往都不尽相同。即使同样的人群，也往往由于不同的活动需要而对景观场地有不同的动静、氛围、开合的要求。

二、概念分析

在充分研究分析的基础之上，设计师可以进入方案的设计阶段。这一阶段是将功能、构筑物与场地进行统一和整合的过程。但在具体的方案设计之前，还需要有一个统领的主题概念，即所谓“立意为先”。

在对场地属性和目标人群进行充分的调研分析后，接着要确定的就是设计地块的具体用地性质：如果是广场，那么是行政广场还是休闲广场？如果是公园，那么是自然公园还是运动公园？在用地性质确定的基础上，我们还需要结合场地预期氛围、自然特征、文化底蕴和托付方需要等凝练出一个主题。主题即立意，鲜明的主题决定了场地的组织布局和艺术形式，保证了整体设计意境深远、主次有序（见图30、图31）。

图30　武汉东湖绿道二期森林公园西门节点方案设计（EDSA）
（在武汉某森林公园的方案设计中，为了将方案形态和城市文化背景统合起来，设计便将武汉荆楚文化中的凤凰图腾元素与景观设计中的绿道要素、商业功能要素和场地所在的武汉东湖绿道网络进行融合，最终提出了凤凰光道的设计概念。）

在立意的基础上，设计师最先要考虑的就是确定出入口的位置，以及场地需要提供的、将被组织在一起的各种功能。设计师需要对所有场所因素都给予充分考虑，明确了解各种需要和关系，精心处理所有相互作用的局部。一般来说，景观场所中包含最基本的动静两区以及动静结合区。动区偏闹，更为开放外向，适合开展多人集会、运动、展示等活动；静区偏静，更为私密内向，适合漫步休憩、观景静思。动静结合则将动静活动兼收并蓄。动静分区确定了景观场所基本的两种空间氛围。普遍意义下，公共艺术作品的作用正是对其所处的空间氛围做进一步的提炼与强化处理。

图31　武汉东湖绿道二期森林公园西门节点方案概念演化过程（EDSA）

在前文确定了概念形式的基础之上，设计师可以通过草图、示意图的方式将其进一步深化，以使空间功能、场地自然特征、设计概念形式相互和谐（见图32~图34）。

经过对以上设计过程的归纳和整理，我们可以得到一份初步的设计概念规划草图。此时，场地的初步规划形态已经展现在我们面前。一份优秀的景观规划方案一定是逻辑思辨的产物，它需要对不同的场地因素和细节进行充分考虑与权衡，明确和回应各种需要与关系，谨慎处理所有相互作用的局部。总的来说，这是一个创造性的过程。

三、方案表达

方案表达阶段是在确定设计立意和概念规划之后，设计师结合设计需要的具体细化阶段，包括详细的功能分区与景观节点设计、平面铺装材质设计、竖向空间设计、植被的氛围营造和种类布置，以及空间尺寸的确定，等等。这一阶段需要对前期的概念规划进行细致表达，同时也要对各种景观空间要素进行具体组织。接下来，我们继续了解城市景观规划的图纸表达。

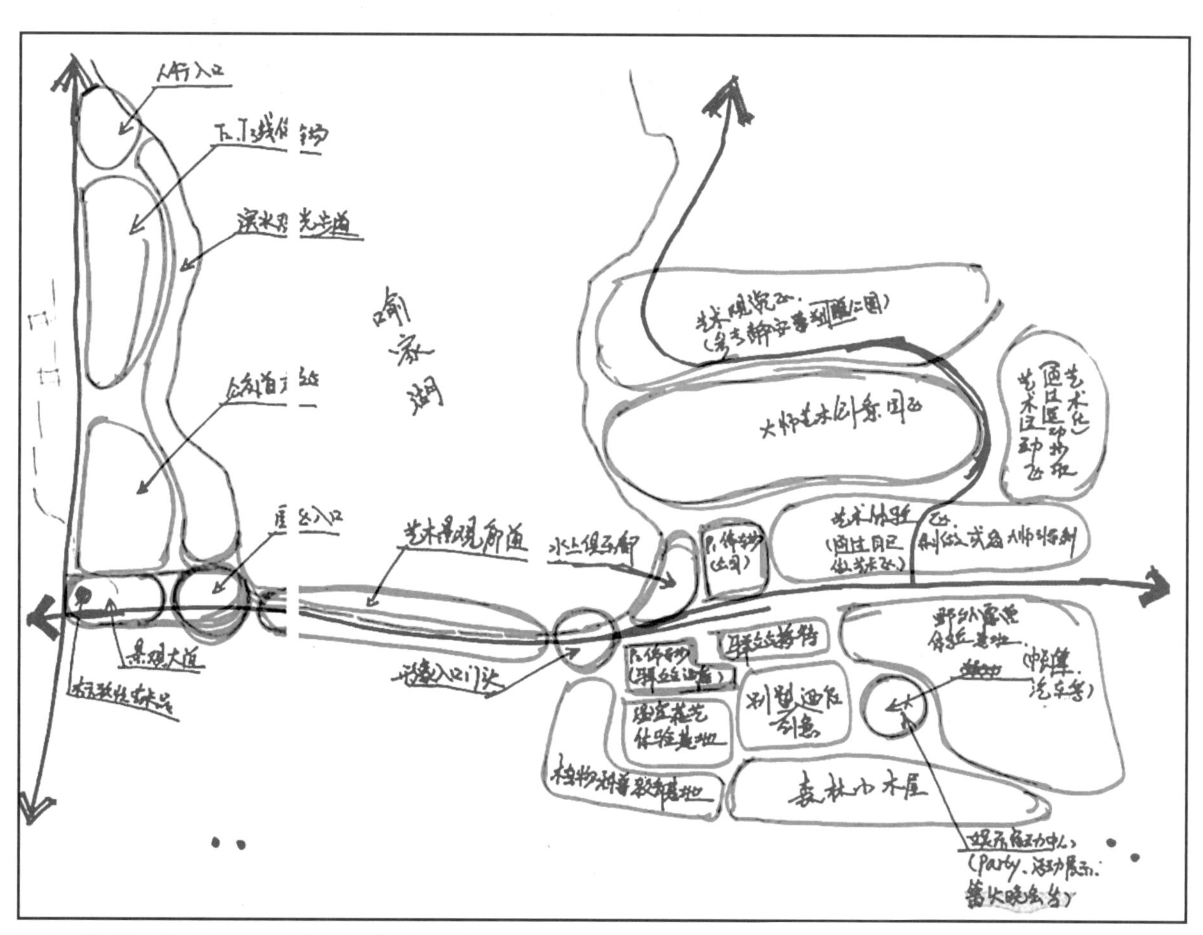

图32　武汉东湖绿道二期森林公园西门节点方案设计平面图演化过程（EDSA）
（我们会最先确定一些主要功能组团，如主要入口、停车场、主要展览园区、主要景观廊道走向、主要建筑团块与活动基地等，并根据占地范围与形态的不同，将这些功能组团以“功能泡”的粗略形式表现出来。这一阶段通常会对场地基本的功能排布与交通流线问题予以讨论和解决。）

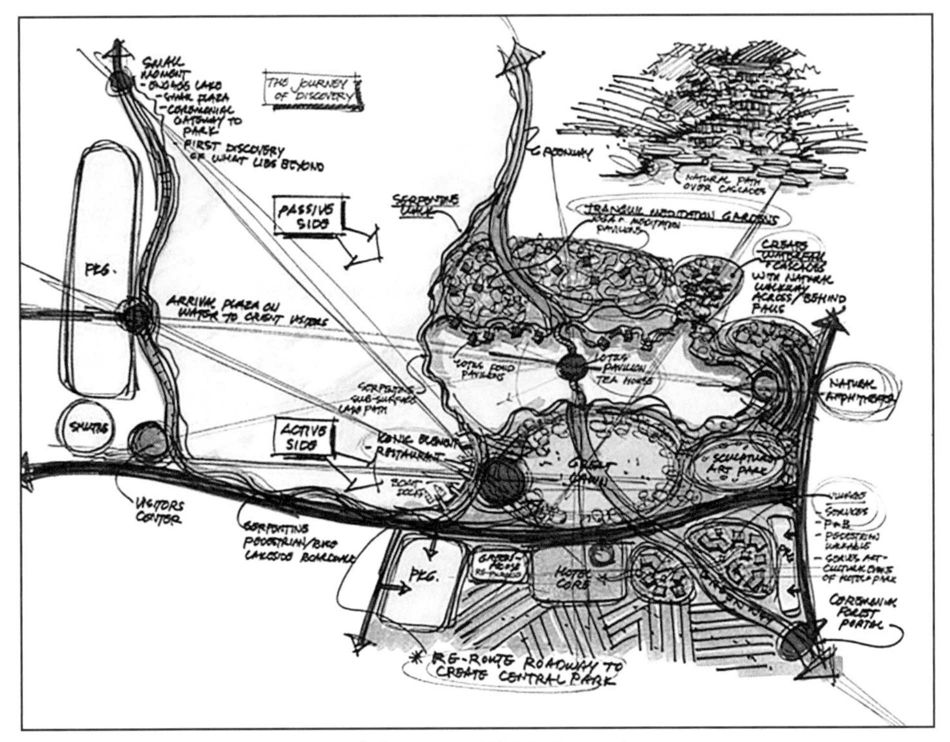

图33　武汉东湖绿道二期森林公园西门节点方案设计平面图演化过程（EDSA）
（在此阶段，“功能泡”被进一步细化设计。与单纯的讨论功能关系和流线不同，这一阶段的设计会将更多因素考虑在内，例如对于“功能泡”占地范围与形态的细化、初步的景观序列和轴线布置、主要和次要的景观面和景观节点设计，以及设计对于场地中的一些特殊的环境特征做出的回应和处理等。同时，这一阶段也开始考虑初步的景观空间氛围的布置和游览体验的规划，例如空间围合程度、方向以及对建筑和构筑物的形体进行细化等。）

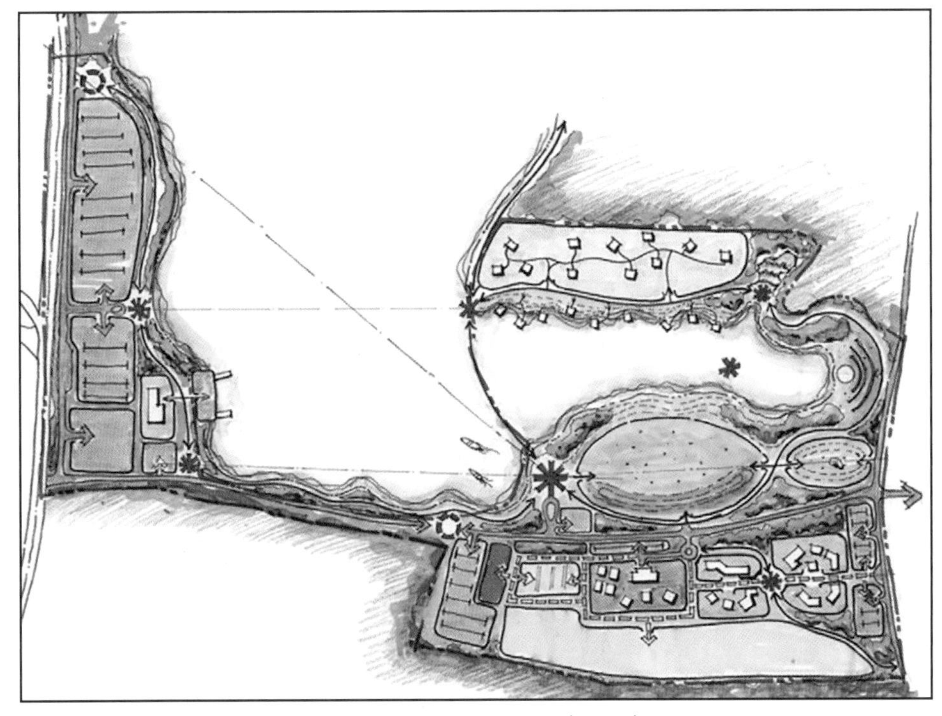

图34　武汉东湖绿道二期森林公园西门节点方案设计平面图演化过程（EDSA）

第三节　城市景观规划的图纸表达

城市景观规划即对城市景观物质要素的组织活动，而设计输出图纸则是这种组织活动的具体表达内容。因此，我们可以通过分析设计图纸来初步获得对城市景观规划设计物质要素的基本认知。详细的设计图纸内容繁多，主要包括总平面图、剖立面图、功能分区图、道路流线图、景观视线分析图、节点大样图、景观构筑物图等。

一、图线说明

在绘制具体的方案图纸时，同时需要辅以各种线型符号说明，例如轮廓线、剖切位置线、等高线、尺寸标注、图例线、标高符号、比例尺、指北针等。在平面图的绘制中，各种景观物质要素，例如植物、水体、材质、构筑物等也都通过标识加以说明，但由于个人风格和喜好不同，设计师所使用的植物、水体、材质、构筑物标识也不尽相同（见图35~图38）。

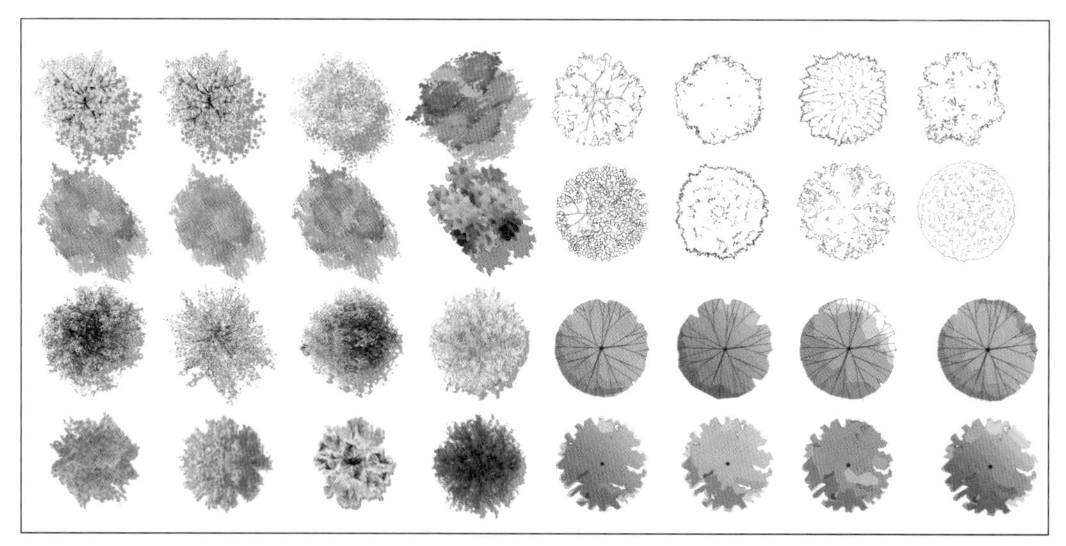

图35　平面图中的树元素

图36　平面图中的铺装元素

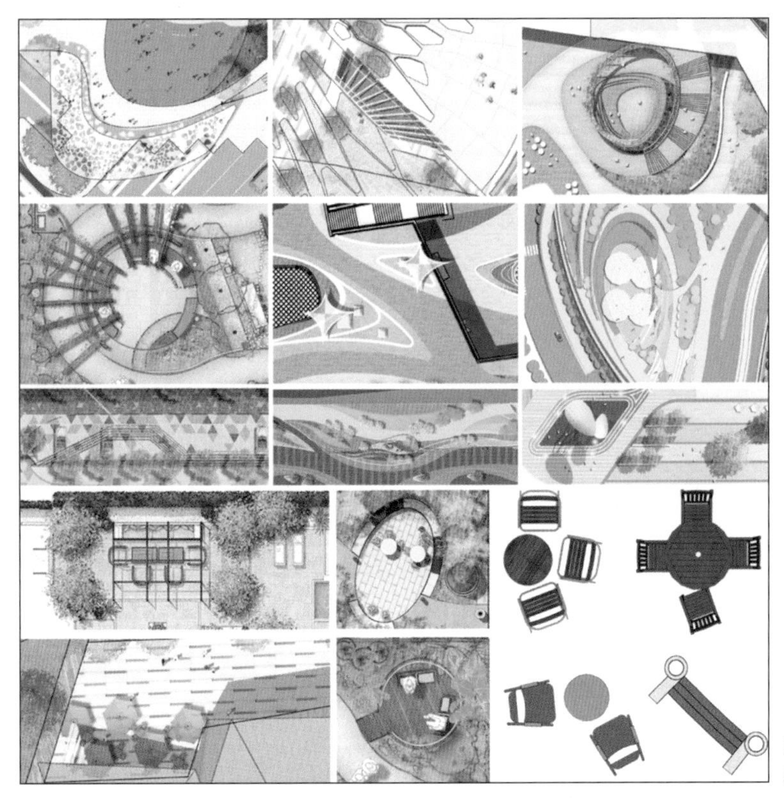

图37　平面图常见表达：景观廊架、构筑物、户外桌椅元素

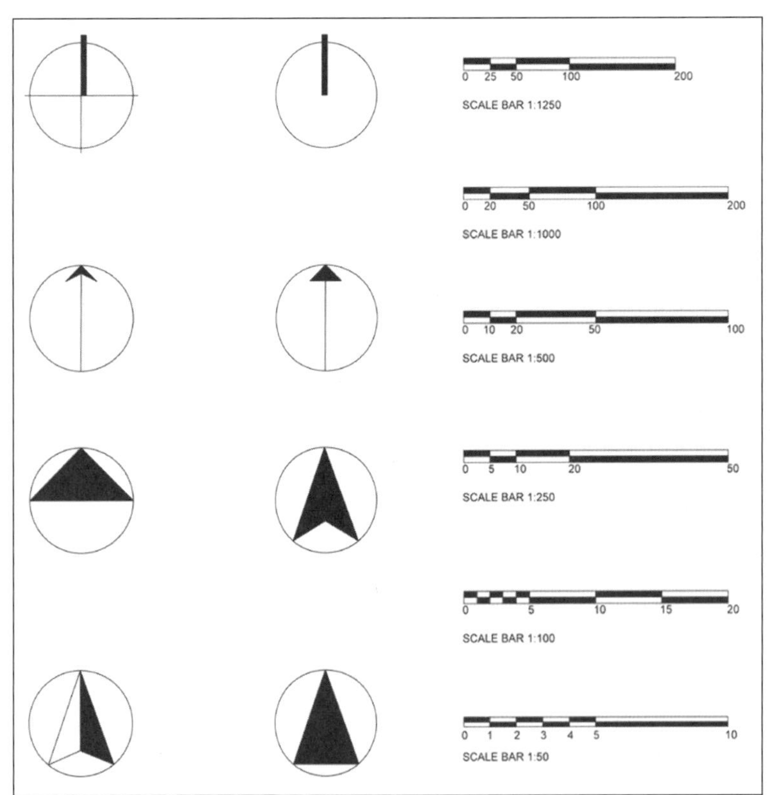

图38　平面图常见指示要素：指北针、比例尺

二、总平面图

景观规划平面图是指景观设计场地范围内其水平方向进行正投影而产生的视图，其主要说明了场地的占地大小、室外场地的布局和铺装材质划分、道路通道宽窄、植物品种及布置、水体位置和面积、地形起伏变化、户外公共艺术和公共设施布置情况以及场地内部的构筑物和建筑的位置材质等（见图39、图40）。通过平面图，我们可以快速地对某一地块的总体景观规划进行初步认识，包括主要的功能点、景观点、材质铺装和整体的空间氛围等。这些景观要素将进一步影响到公共艺术设计初期阶段的内容，例如项目选址、概念规划、氛围指向等。

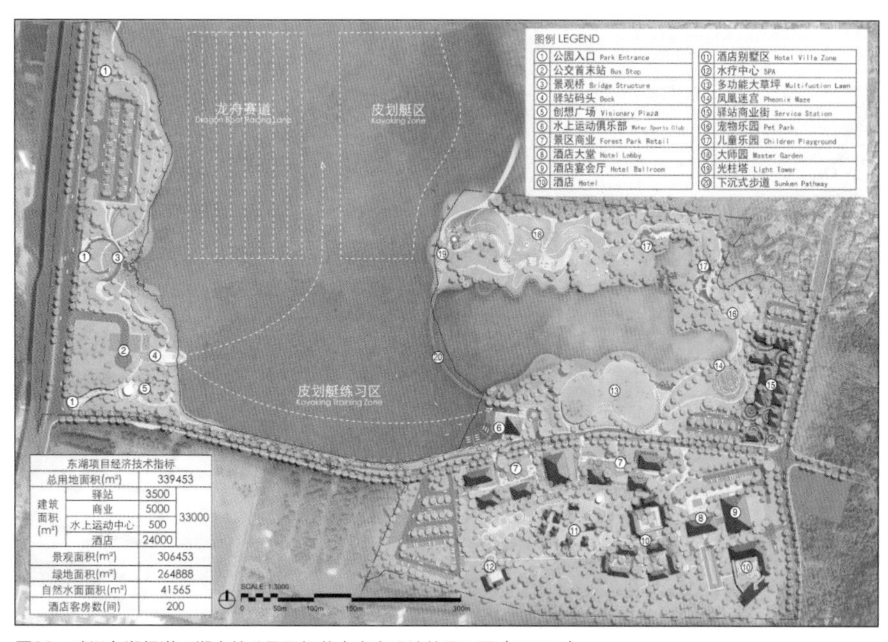

东湖项目经济技术指标			
总用地面积(m²)		339453	
建筑面积(m²)	驿站	3500	33000
	商业	5000	
	水上运动中心	500	
	酒店	24000	
景观面积(m²)		306453	
绿地面积(m²)		264888	
自然水面面积(m²)		41565	
酒店客房数(间)		200	

图39　武汉东湖绿道二期森林公园西门节点方案设计总平面图（EDSA）

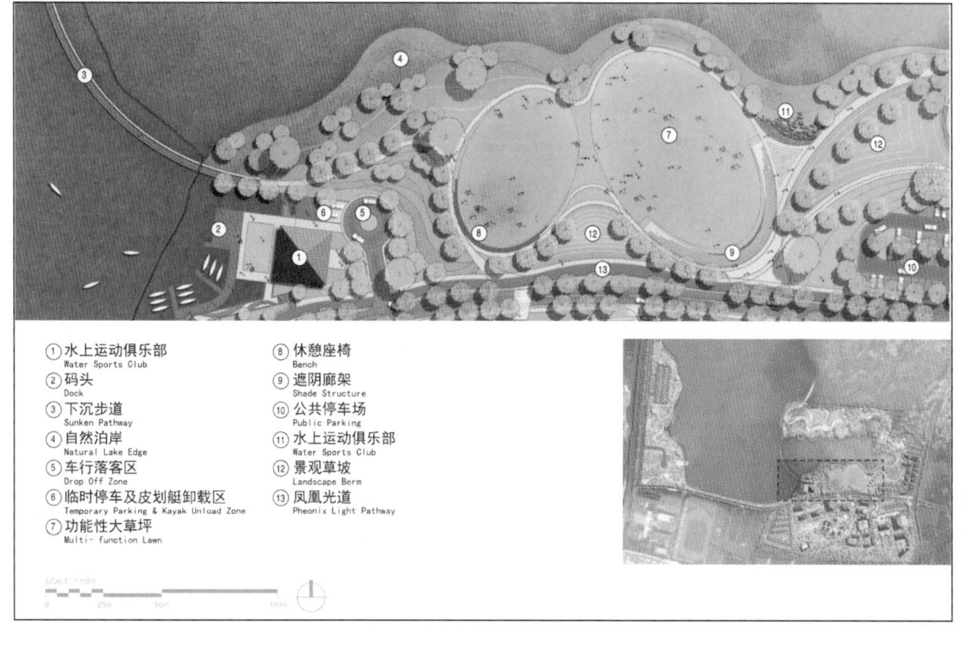

图40　武汉东湖绿道二期森林公园草坪活动节点设计平面图（EDSA）

[在该节点平面图中，我们可以看到功能性大草坪区（即⑦号点位）面向湖泊的同时背靠场地入口，其极其宽阔的面积成为场地中最为主要的观景和活动区以及人群的聚集地。在此布置的公共艺术装置需要注意和人群活动的契合，同时要注意与人们面向湖泊的观景视线的统一。]

三、剖立面图

景观规划中的剖立面图是立面图和剖面图的合成。其中立面图是指场地内景观设计要素在垂直面上的正投影，主要说明了场地在垂直方向上的地势起伏和轮廓节奏、植物疏密大小、构筑物的体量等等。相比于平面图，立面图更为详细地说明了场地的氛围情况。但是场地中往往视角繁多，因此需要多个方向的立面图对场地要素进行组合说明（见图41）。

景观规划的剖面图和立面图十分相似，其不同点在于剖面图是利用剖切面将场地内的某个垂直面进行剖切之后的正投影视图，因此剖面图能够展现比立面图更多的信息。剖面图主要说明了场地内地形的起伏变化、水体的布置和深度、场地内部构筑物的高度形状、阶梯台阶的高度变化等等。实际设计中往往将剖面图和立面图组合使用，合称剖立面图。

剖立面图需要和剖切符号结合使用。剖切符号标记了剖切所得立面在场地平面图中的具体位置，说明了剖切面的视角方向。剖切符号一般由两部分组成，分别为长边（位置线）和短边（方向线），长短两边互相垂直。其中位置线说明了剖切面在平面图中的具体位置，而方向线相当于视线箭头，它说明了人眼所看的方向。

同时，剖立面图中使用到的还有标高符号。标高符号说明了场地中某一部位相对于基准面（标高零点）的竖向高度，根据与基准面竖向高度关系的不同，标高数字前的正负符号也不同（见图42）。

通过对剖立面图的分析，我们可以对相关地块的地势起伏关系有所了解。在此基础上，我们可以进一步考虑未来公共艺术作品与周边环境要素的竖向空间关系和视线关系，以求得最佳的艺术观赏效果。

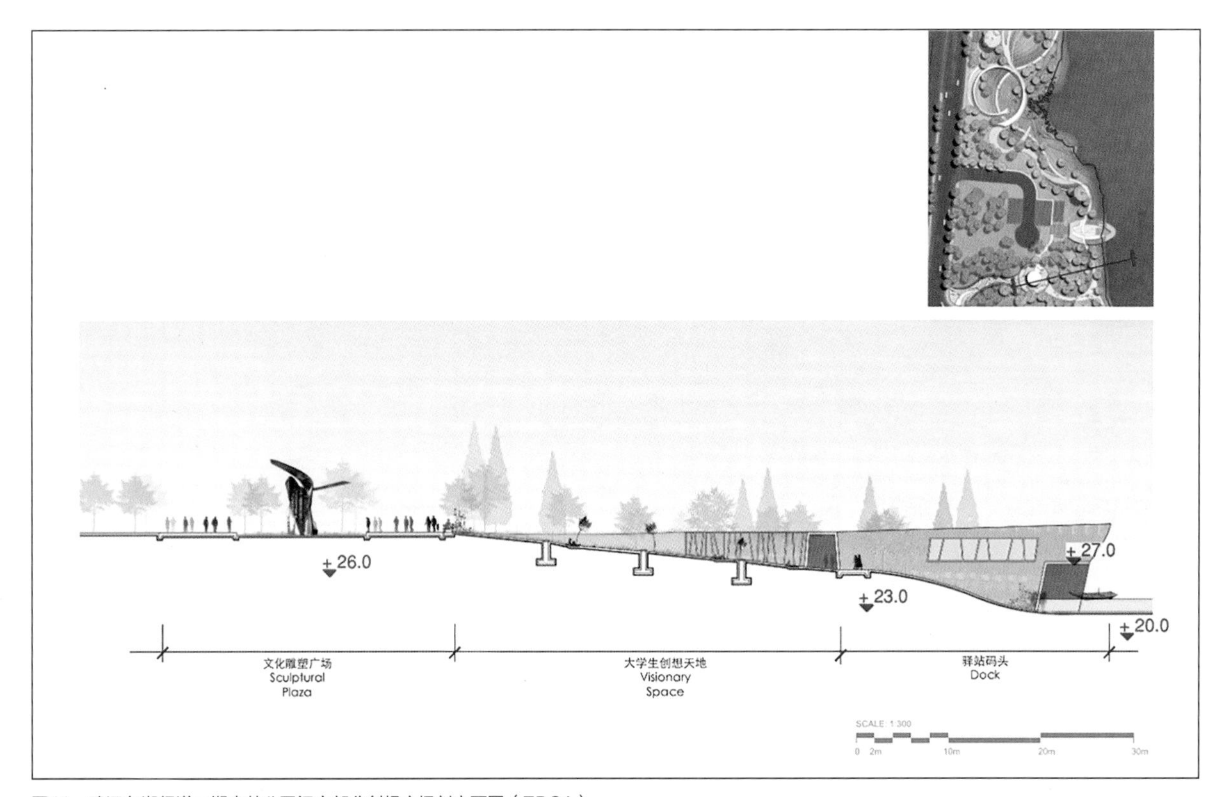

图41　武汉东湖绿道二期森林公园门户部分创想广场剖立面图（EDSA）
（在图中，我们可以注意到观景躺椅部分的地形在面向湖泊的一侧逐步下降，因此在此介入的公共艺术装置同样需要适应和融入场地地势，如果与之相反，可能会扰乱场地本身的观景视线和观景体验，并导致整体空间导向的混乱。）

四、功能分析图

功能分析图是以平面图为基础的专项分析图之一，其主要内容是根据基地的定位和设计理念，对场地功能区域进行区块分析，例如基本的休闲运动区、展示区、观景区等。目标地块的功能区划在一定程度上决定了公共艺术设计的功能需求因素和空间氛围导向。例如草坪活动区需要匹配较为活泼和轻快的公共艺术形象，又或许会要求公共艺术设计和一些草坪活动相结合，从而强化其功能属性等（见图43）。

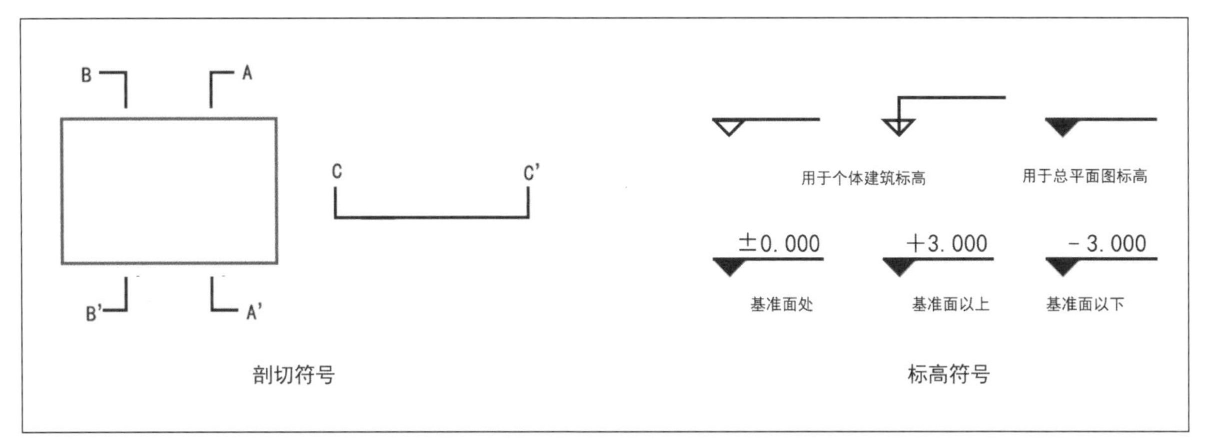

图42　常见的剖切符号和标高符号（自绘）

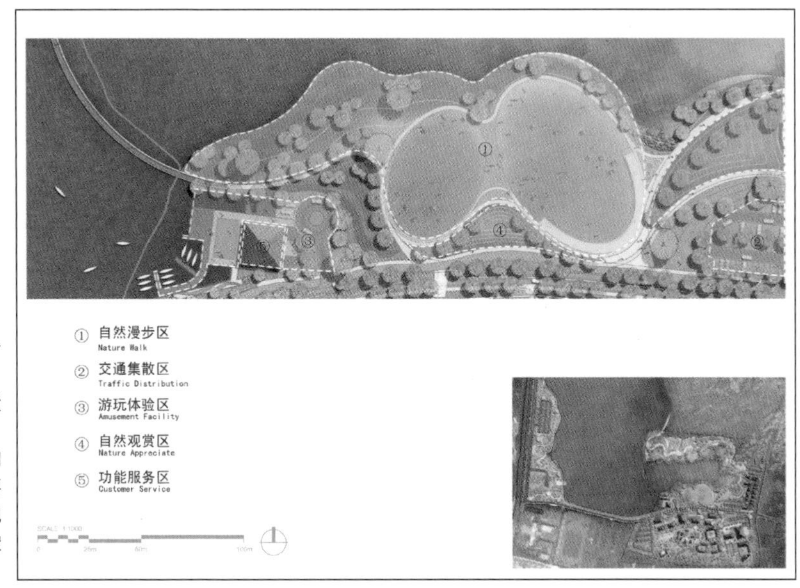

图43　武汉东湖绿道二期森林公园草坪活动部分功能分析图（自绘，底图源自EDSA）

（自然漫步区是场地中的主要区域，因此在此设计的公共艺术作品需要考虑人活动的多样属性，例如停留观景、集体活动、自然漫步等。当我们为其中的自然漫步道设计公共艺术作品时，需要考虑人在其中的动态观景属性和视线与道路景观的配合，对人的运动动势和观景方向都做出一定的引导。）

五、流线分析图

流线分析图与功能分析图类似，都是以平面设计图为基础的专项分析图之一，其主要内容包括主次入口分析，以及根据功能分区图而确定的主要道路、次级道路和步道等。通过对流线系统的分析而得出的主次道路划分及主要流线交汇点等因素对公共艺术设计初期的项目选址具有很大影响。例如主要道路的入口处往往承载着巨大的人流量，因此在此设立的公共艺术形象就需要对人流方向做出适当引导。同时，入口处在很大程度上决定了人们对场地的最初和总体印象，这就需要公共艺术作品能够对整体景观空间的艺术思想和主题印象进行概括表达。而在一些景观步道中，公共艺术作品的设计则需要更多考虑人的运动属性，例如通过系列雕塑作品中连续的主题形象展示来对单向的运动流线做出呼应，又或者通过动势较大的作品对步道空间的线性特征进行引导和加强（见图44）。

图44　武汉东湖绿道二期森林公园草坪活动部分流线分析图（自绘，底图源自EDSA）
（公共艺术介入此场地时，需要考虑人群集散点的存在，例如通过标志性的公共艺术作品对点位做出提升，但同时不能影响其场地原有的集散功能。）

六、景观空间分析图

景观空间分析是针对景观设计中的轴线关系、对景关系、观景视线和主次景观辐射等做出的内容分析。景观视线图表达了一块场地中最主要的景观节点和游人的观景视线。大多数情况下，公共艺术对这些景观面起到了烘托作用，或者其本身就是主要的景观点。因此，对于景观视线图的分析、利用能够在一定程度上更好地将公共艺术设计同景观场地中人的游览体验结合起来，让人们更好地感受到公共艺术的魅力（见图45）。

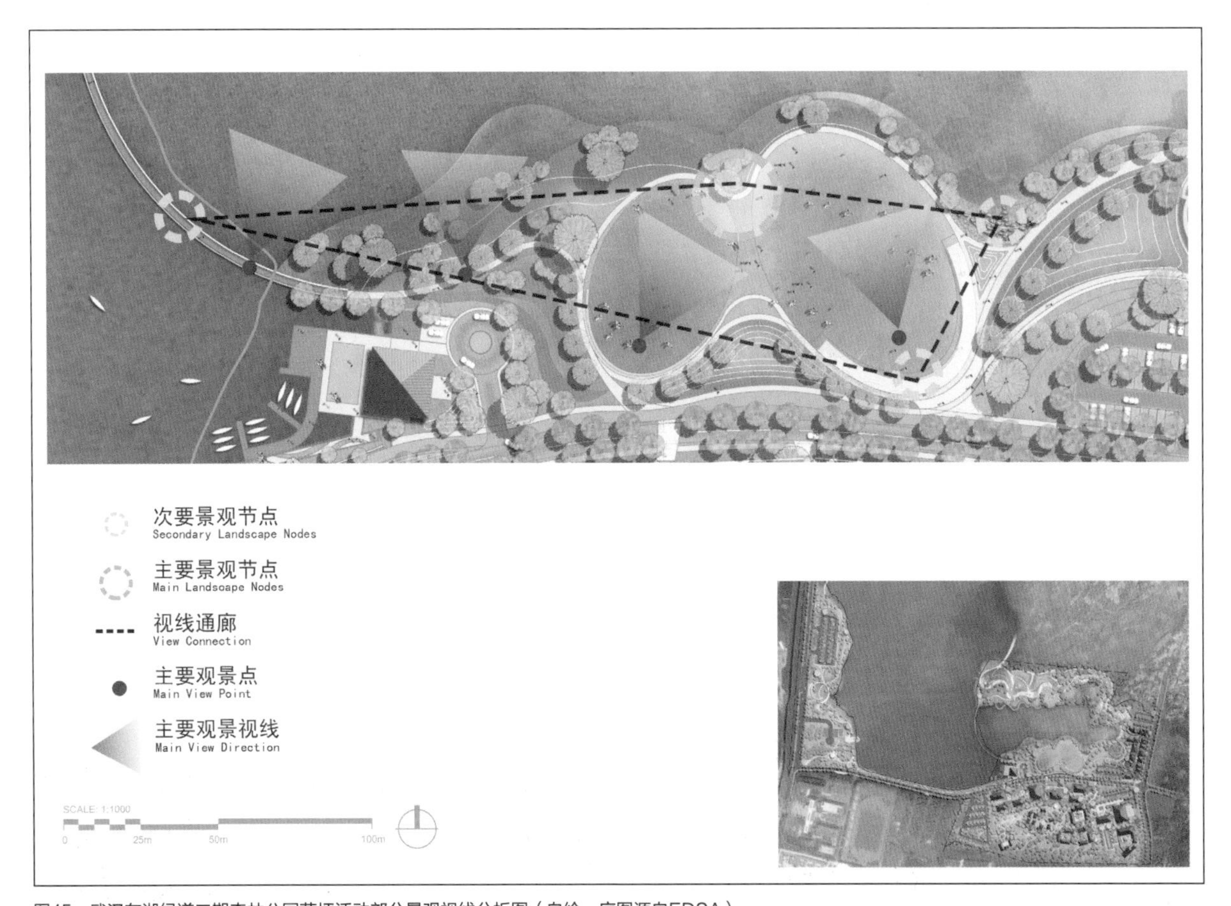

图45　武汉东湖绿道二期森林公园草坪活动部分景观视线分析图（自绘，底图源自EDSA）
（以景观视线图中对主要景观节点和次要景观节点的层次安排为依据，我们也可以相应得到场地内公共艺术规划的宏观层次与主次结构，更好地统筹场地内的公共艺术层级规划。）

课题2

采用文献资料查阅和线上检索的方式，学习和研读优秀的城市设计案例，了解和掌握城市景观规划的基本流程和相应的图纸表达。

要求：

1. 从宏观要素和微观要素两方面对城市景观规划进行场地分析与解读。
2. 重点了解和熟悉其总平面图、剖立面图、功能分析图、流线分析图、景观空间分析图等各类图纸的表达。

难点：

对非景观专业的读者而言，读懂景观专业的相关图纸有一定的难度，需要结合本书前面的讲解一一对应来看，并反复揣摩。

案例分析示范（见图46~图57）：

1. 场地要素分析

1.1 场地宏观要素分析

宏观问题是多种多样的，下面以某水线公园景观规划设计前期场地因素分析文本为例（见图46~图49）。例如针对图47中“高架道路阻断了沙磁广场与周边及滨水空间的联系”和“城市滨水空间缺失”的问题，图49中相应给出了“拆除局部高架路段，创造更好的滨水步行体验”和“设置多层级滨水广场”的设计策略。

图46 某水线公园景观规划设计前期场地因素分析文本（一）（SASAKI）

图47　某水线公园景观规划设计前期场地因素分析文本（二）（SASAKI）

图48　某水线公园景观规划设计前期场地因素分析文本（三）（SASAKI）

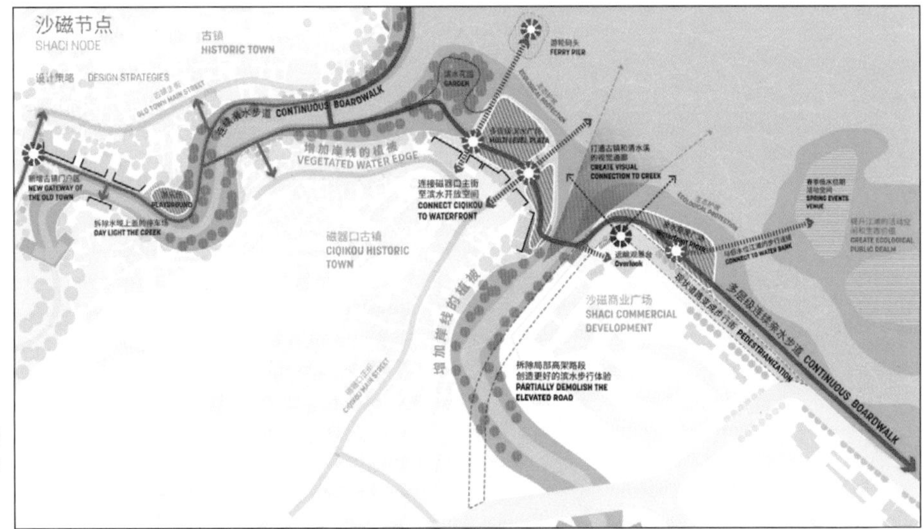

图49　某水线公园景观规划设计前期场地因素分析文本（四）（SASAKI）

1.2 场地微观要素分析

相比之下，微观因素更专注于场地内部的要素分析。下面以广州市某城市街角公园广场改造案例前期分析为例（见图50~图52）。

此广场一直以来都是当地商业轴与生活轴的交汇处，以及公共交通的终始站，是当地一处极其重要的公共空间节点。2000年前后，广场经过一次翻修，但是由于缺少有效围护和管理，场地如今变得混乱不堪。

经过对场地中微观要素的分析，我们可以很快得出场地的优劣势因素，这些因素往往与场地内部人的行为和感受息息相关，并且针对这些要素，我们可以想到相应的设计策略。

综上分析，我们可以总结出以下设计策略。

在进一步的设计中，我们应首先注意营造舒适的休闲环境，并且要注意对使用人群的行为引导和对场地中自然植物要素的融合、呼应；其次，我们应对场地的管理行为进行有效预警，使得空间上的设计最终能够有效促进或辅助场地良好管理行为的发生；再次，我们应将场地中的主要树木作为主要的场地特征进行保留，并作为新设计中的主要设计元素；最后，我们应促进社区文化展示空间和社区广场休闲空间的积极融合，以充满美感的形式展示优秀的社区文化。

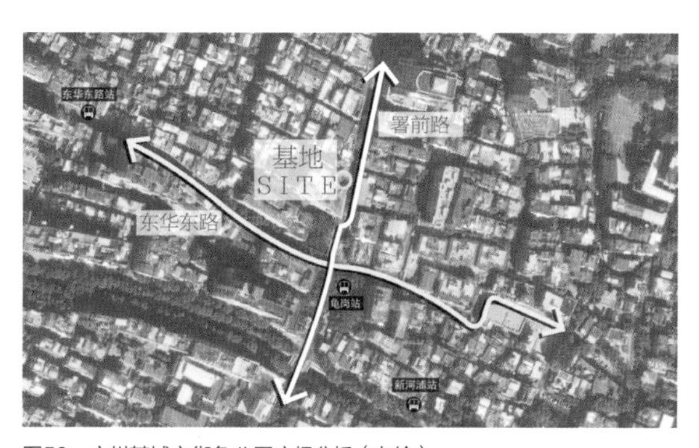

图50　广州某城市街角公园广场分析（自绘）

图51　广州某城市街角公园广场因素分析（自绘，底图源自哲迳建筑）（场地现有的座椅设置难以满足多样的休憩需求，也没有对人群在场地和设施的使用方面发挥明显的引导作用；场地中的社区文化展示部分过于生硬，难以达到真正的展示效果，并且和场地其他要素过于脱离，缺少真正的融合；场地中茂密的植被本是场地的标志性要素之一，却没有与人群产生良好的互动。）

图52　广州某城市街角公园场地因素分析（自绘，底图源自哲迳建筑）
（原场地中缺少有效而舒适的休息空间及清晰的功能区域划分，这导致了整体场地使用功能的混乱以及不同使用人群之间的冲突。另外，由于场地缺乏有效管理，景观构筑物区成为卫生与治安盲区。）

2. 相关设计图

2.1 平面图

在该节点平面图中，我们可以看到躺椅节点（⑨号点）背靠场地入口而面向广阔的湖面，周围植被茂密，是一处比较良好的观景区。所以在此布置公共艺术装置时需要注意到与人面向湖泊的景观视线的契合，例如散点布局，以及注意人观赏视线的通透性等。同时，其所处的自然氛围也进一步影响了公共艺术的形式主题和表达形态，例如最终艺术形象的自然主题和整体形态的有机曲线等（见图53）。

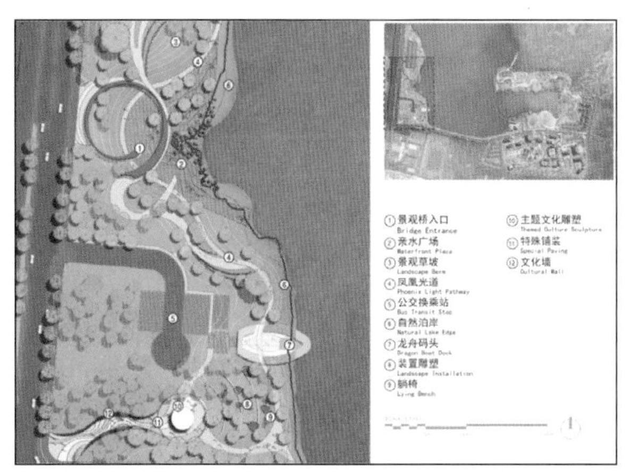

图53　武汉东湖绿道二期森林公园西门节点方案设计局部平面图（EDSA）

2.2 剖立面图

如该剖立面图所示，我们可以看到场地西侧紧邻道路，也就是说，城市道路方向的人流将在此汇聚集中并进入场地，同时场地东侧也面向湖面开放。因此，当决定在此设立公共艺术作品时，我们就必须考虑到设计首先不能影响原有场地的通达性，并且能够对人群进行有效分流，同时对湖面景观也应该做出回应；另外，因为该场地承载着人们由道路进入园区的第一印象，所以也必须考虑到一定的标志性和艺术性。而图示中景观桥的设计一方面通过对观赏湖面的行为进行引导而分流人群，另一方面其底部架空的设计对原有场地的通达性也并未造成过多干涉，同时其流畅的造型在一定程度上也满足了标志性和艺术性的效果要求（见图54）。

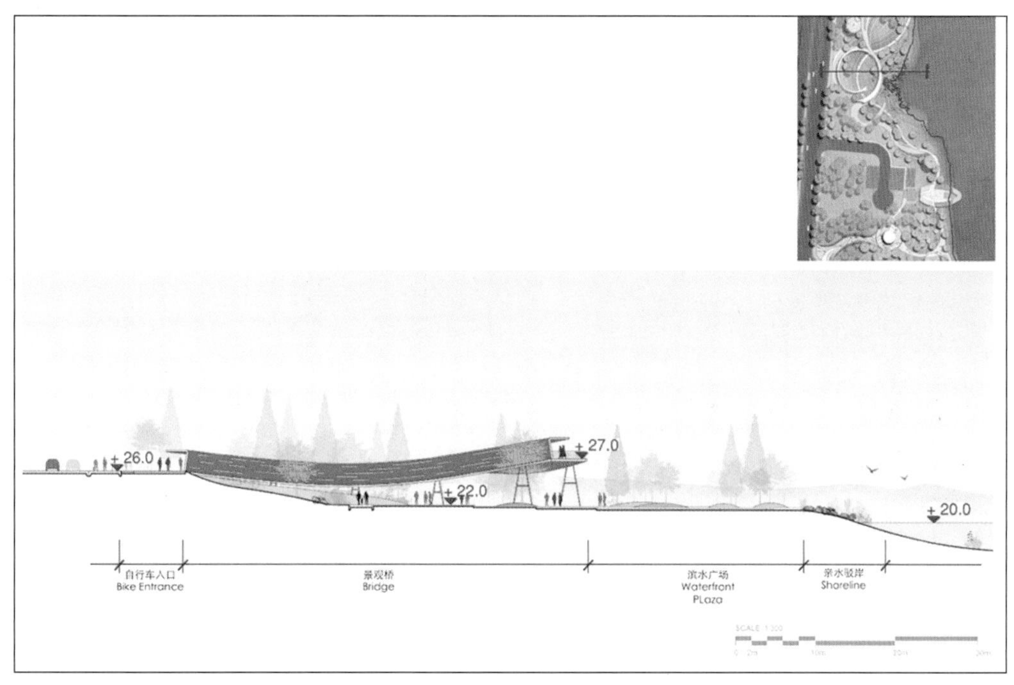

图54　武汉东湖绿道二期森林公园门户部分创想广场剖立面图（EDSA）

2.3 功能分析图

人们在自然观赏区往往会长时间驻留，因此在此功能区设计的公共艺术作品可以考虑一定的遮阳和休憩功能，以此更好地为游客的观赏行为提供支持。而广场集散区往往聚集人群，一般也是整体设计的主要节点，因此在此设立的公共艺术作品通常需要具有一定的标志性和向心性属性（见图55）。

2.4 流线分析图

凤凰光道即属于景观步道的一部分，因此沿步道设计的公共艺术作品可以统合考虑“凤凰”主题和游人的运动属性（见图56）。

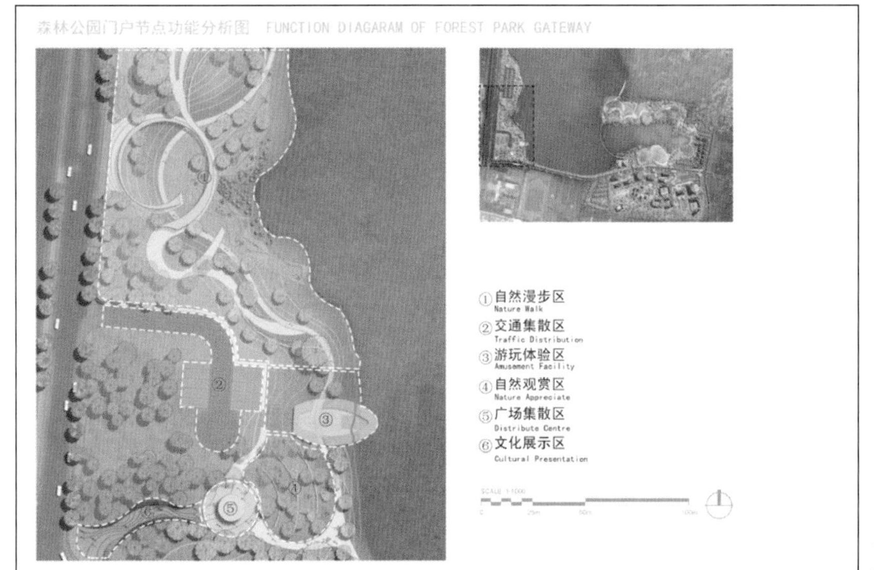

图55 武汉东湖绿道二期森林公园门户节点功能分析图（自绘，底图源自EDSA）

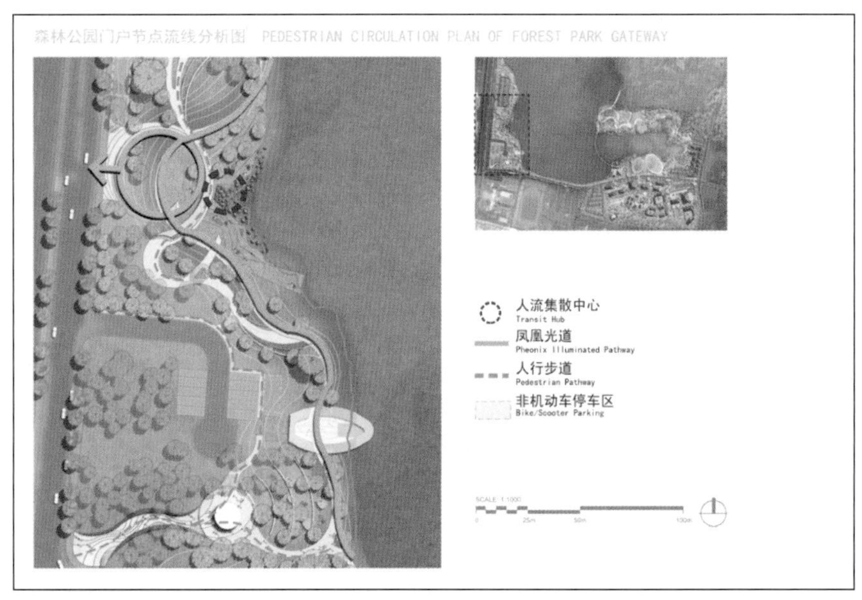

图56 武汉东湖绿道二期森林公园门户节点流线分析图（自绘，底图源自EDSA）

2.5 景观空间分析图

处于主要景观节点的公共艺术作品往往体量也最大，而位于次要景观节点的体量通常次之，但同时仍要注意其间的联系性，包括构筑视线通廊，以及艺术形式、材质上的联系性等，这样才能做到既有主次区分，也同属于一个艺术主题（见图57）。

综上所述，我们不难发现，公共艺术设计和城市景观规划的联系是在多个维度上依次展开的。因此，位于景观空间中的公共艺术绝不是突兀孤立的艺术品，也不仅仅是服务于景观空间需要的附庸，它的内容来自对场地氛围和功能需要的深度提炼，是对景观主题和气质的升华表达。一方面，优秀的公共艺术作品对一个优秀的景观空间来说是不可或缺的存在；另一方面，公共艺术设计将和景观设计一道，共同为创造出真、善、美和谐共生，人与自然和谐共存的人居环境而不断探索和努力。

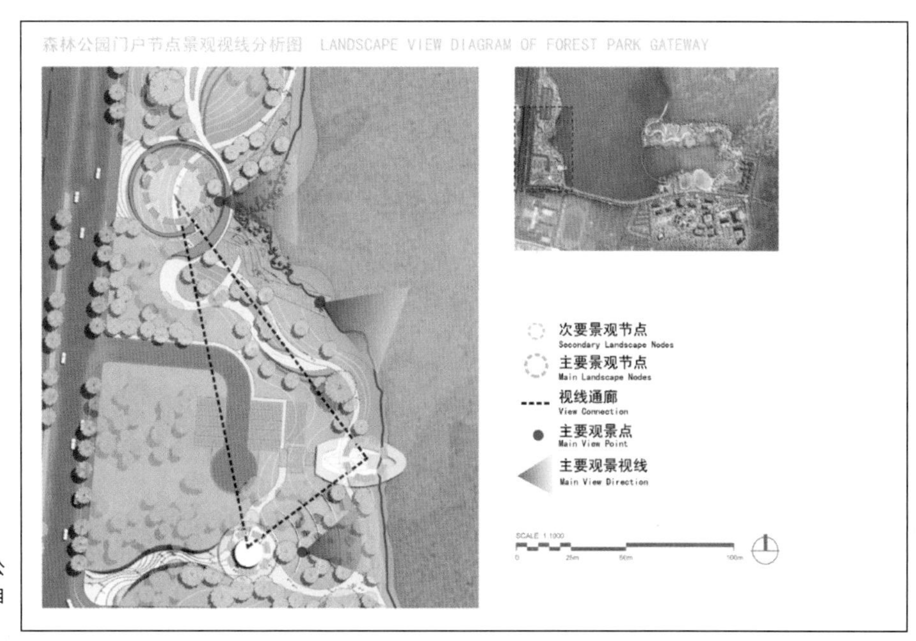

图57 武汉东湖绿道二期森林公园门户节点景观视线分析图（自绘，底图源自EDSA）

第三章 CHAPTER 3

公共艺术设计的发展

课题的前期引导

在前两章的内容中，我们了解了公共艺术是无法脱离城市与公共空间的，良好的城市空间认知与景观规划设计是进行公共艺术设计的前提，能够为公共艺术设计提供认知基础。那么，接下来我们将在此基础上展开对公共艺术设计的学习，首先，从公共艺术的起源、发展及公共艺术设计理论背景出发，学习并了解公共艺术的起源、概念演化和形式类别，初步认识公共艺术规划的概念，结合不同国家的法案和规划文件，认识、了解公共艺术设计在不同城市的发展现状；其次，结合实际案例梳理公共艺术设计的思路、方法、流程，对公共艺术设计的精彩案例进行分类与解读。本章将帮助大家学习和掌握公共艺术设计相关背景，从基础开始掌握相关设计方法，形成自己科学理性的设计思路，最终对公共艺术设计与实践起到指导作用。

第一节　公共艺术设计的发展及内涵

公共艺术最早起源于古希腊时期，以广场上的公共雕塑为主要形式。这时候还没有明确的公共艺术意识，只有以公共建筑、公共广场为主的市民生活基础意识的萌芽。随着城市化进程的发展，城市公共艺术越来越普遍，城市公共艺术的概念逐步明确，西方掀起了建造城市公共艺术的潮流。这一阶段以城市文化为主题的公共艺术向前发展，重点在城市公共空间的文化氛围营造，突出表现在以环境艺术为主的雕塑创作中。实际上，这一时期真正将雕塑、绘画和建筑结合起来，综合表现城市文化主题及形象。例如巴黎公园马约尔的雕塑群、柏林汉斯广场的《黎明》都是颇为典型的公共艺术作品。这些作品被放置在公共场所中，它们或是为了某个特定主题，或是为了使公众参与其中。而从艺术品被搬到室外，到这种形式演变成城市公共艺术，又从城市公共艺术参与城市建设到促进城市逐步发展的过程中，人们对城市公共艺术的概念有了更广泛的认识，比如表演艺术、行为艺术等也被纳入公共艺术的范畴。

在国内，公共艺术的兴起相对较晚。最初是以壁画和雕塑为主的户外艺术浪潮，20世纪90年代中期艺术作品和艺术家大量出现，呈现出探索的趋势。20世纪50年代至80年代，北京、上海、广州等几大主要城市及苏浙等地区，已有一定与市民经济、文化、生活密切相关的公共艺术，其他地方则相对缺少。自20世纪90年代至今，随着城市化进程的加快，新型城市规划及商业竞争日益加剧，全面快速地影响着城市中人们的生活空间、生活方式和文化追求。公共艺术的增设成为环境空间不可缺少的要素，并受到广泛重视。

从公共艺术概念和形式的演变出发，我们可以将城市公共艺术发展的历史分为两个阶段。第一阶段为城市公共艺术的萌芽阶段。从远古时期艺术萌芽开始，到早期市民社会逐步形成，艺术一直是城市建筑的一部分，但此时尚未形成对公共空间的意识，因此也就没有发展出明确的城市公共艺术建设意识。第二阶段为城市公共艺术的发展阶段。城市公共艺术的发展在西方有特定的历史文化背景，它是转型期的中国社会在公共事物中呈现出的开放性和亲民性于城市公共空间中的反映。城市公共艺术概念的产生是在第二次世界大战之后。伴随着美国城市的开发、建设，人们开始了对艺术的追求。在重新规划和治理城市的过程中，美国人将一批有代表性的艺术家的雕塑作品，从美术馆中搬出，放置到室外的空地上。这种形式以此而得名，被称为 PUBLIC ART（公共艺术）。

而理解公共艺术的概念并不容易，目前关于公共艺术的理论呈现多样化的发展趋势，也有越来越多的专家学者加入公共艺术概念的讨论中，在不断的设计实践中逐渐完善自己的理论构建。虽然目前没有唯一的概念定义，但我们还是可以从现有理论中归纳出具有代表性的公共艺术定义，分别是狭义的公共艺术概念和广义的公共艺术概念。

狭义的公共艺术认为公共艺术的“公共”界定的是空间属性的“公共空间”，只要是放置在公共空间的艺术就是公共艺术。狭义的公共艺术认为，公共艺术是指设置在城市公共环境中，如城市道路、广场、公共绿地、公共建筑等环境中的室外雕塑、壁画等视觉艺术，以及建筑构造体、水体、城市公共设施、建筑体表的装饰及标志物、灯饰、路径、园艺和地景艺术等不同媒材构成的艺术形式。这样单纯以空间作为划分标准的分类方法虽然能在一定程度上概括出公共艺术的广泛形式，但是一些不以具体空间作为载体，而是重视社群关系、主体参与的活动类公共艺术或是临时性公共艺术就被排除在外了。带着这样的反思和探索精神，广义的公共艺术概念延伸出来了。

广义的公共艺术认为“公共”是“公共领域”和空间领域的“公共空间”的共同界定。广义的公共艺术定义牵涉的范围更广，其范畴为广泛的艺术类型，包括开放型的、可供公众以不同方式感知或参与其间的壁画、雕塑、水体、建筑构造体、城市公共设施、建筑体表的装饰及标志物、灯饰、路径、园艺和地景艺术等不同媒介材料构成的艺术形式，同时也包括由社会主体——市民大众兴办和参与的公开的表演艺术（如戏剧、音乐、歌舞，在民间集会及节日期间各类公开的表演艺术）与其他公开的艺术活动。

其实，无论是狭义的公共艺术，还是广义的公共艺术，其中一些公共艺术的属性和特质是相同的。首先，公共艺术必须发生在公共空间内，不同于传统的美术馆和画廊的形式，艺术只对少数人开放或带有筛选性，公共艺术则是面向大众的，无论是在现实的公共空间环境内，如商场、广场、公园，还是以线上形式的虚拟空间呈现，又或是介入某一公共关系中，公共艺术都能在其中起到连接作用，形成人与作品、人与环境、人与人的连接。其次，公共艺术需要从大众需求出发，不再只考虑艺术家个人观点和情绪的表达。在公共艺术创作中，需要考虑作品面向的人群，无论是文化的应用，还是公众的参与，公共艺术始终是以人为中心的。最后，公共艺术需要与场域环境发生联系，从当地环境出发，挖掘地域特色，创作出因地制宜的艺术作品。

公共艺术的突出特征是：强调公众的广泛参与和互动，强调对公众广泛关心的社会问题的关注，强调过程性，强调与社区的联系，强调环境的针对性等。总结来说，艺术性、公共性、在地性始终是公共艺术的重要特性，能够作为区分公共艺术与其他艺术形式的一般标准。

第二节　国内外公共艺术法案

艺术的发展不仅靠艺术家个人的自由创作，还离不开国家和政府的支持与鼓励。在了解公共艺术的起源和概念界定之后，我们可以从历史发展的角度来看看公共艺术法案法规的发展历史。公共艺术法案的确立有助于保障艺术家和当地民众的基本权益，只有经过有计划、系统性的公共艺术设计，才能科学有效地建立起城市公共艺术网络，推进城市文化建设，丰富市民生活。

公共艺术是在国外兴起并发展起来的，公共艺术法案经历了不同的发展时期。在20世纪初期，赞助公共艺术成为一种国家政策，费城在政策的促进下成为第一座通过“百分比艺术计划”的城市。法案中美国联邦政府对公共艺术支持的先例，引导了全美范围内展开支持艺术作品的风气，自此公共艺术的发展被提到了城市总体空间的高度。其中的“百分比公共艺术计划”要求公共建设项目中拿出一定百分比的建设资金用于公共艺术。这在政策、资金等方面对公共艺术发展起到保障作用，推动了大量公共艺术作品的诞生。20世纪中期，美国政府的建筑计划中有部分预算是用来赞助艺术项目的。美国政府认为，艺术建筑的必要部分也是建筑环境的延伸，在每年的政府建筑预算中，将拨出一到两个项目分配给“百分比艺术计划”赞助的艺术作品。不论是公共预算还是私人赞助，这些资金会被用于项目中公共艺术的设计和建设。迄今为止，三分之二的美国城市采用“百分比艺术计划”推动城市文化的发展，并配有相应的公共艺术实施规划。由美国率先发起的“百分比艺术计划”促进了公共艺术相关发展在其他各国的落实。到目前为止，许多国家和地区，如法国、英国、德国、澳大利亚、加拿大等，都纷纷出台了促进公共艺术发展、保证艺术权益的相关法案，也在实践中不断修订和完善，呈现出影响范围日益扩大的趋势，城市的艺术建设已被广泛纳入城市建设的基础要求中（见图1）。

国外已经编辑出版的相关公共艺术规划书籍有《美国亚特兰大公共艺术规划》《英国布里斯托尔公共艺术战略》《美国克利尔沃特艺术和设计规划》《英国俄勒冈州尤金公共艺术规划》《美国费城公共艺术回顾研究》。在具体实践方面，美国与法国的做法都具有借鉴意义。

从2004年下半年到 2005年7月，深圳雕塑院承担了国内第一个公共艺术总体规划编写工作，历时近一年编制完成了《攀枝花市公共艺术总体规划（2005—2020年）》。该规划探索了崭新的课题和研究领域，尝试把城市公共艺术的科学性、社会性和艺术性紧密结合。各地也先后出台了相关的城市雕塑规划，例如台州、上海、杭州和宁波等城市都相继推出了各自的规划（见图2）。公共艺术在我国的发展总体呈现出由沿海向内地、由一线城市逐步扩展的发展趋势，城市的艺术建设逐渐被重视起来，纳入城市规划中。在城市化取得良好成绩的同时，公共艺术规划建设的发展进步得到了带动。虽然总体类型单一，且都是围绕雕塑的规划管理办法，但也对城市公共艺术建设提供了政策支持和引导，具有一定的价值。

深圳作为国内第一批发展起来的大都市之一，其包容开放的氛围给公共艺术的起步和发展提供了良好的基础。早在1981年，深圳经济特区成立不久，就率先成立了深圳城市雕塑办公室，充分说明了城市开拓者对城市艺术发展的重视和追求，也为“深圳人的一天”这一在我国公共艺术发展史上作为重要里程碑的公共艺术策划项目提供了政府的支持力量。1998年，深圳有关部门决定将城市的14块公共空间改造成街心花园，其中就包括园岭社区，这个契机成了“深圳人的一天”策划的起点。

随着内地经济的不断发展，城市建设也逐渐被重视起来，以雕塑为代表的公共艺术规划被逐步纳入城市发展的考量中，其中，上海、西安、长沙、攀枝花、长春、铜陵、杭

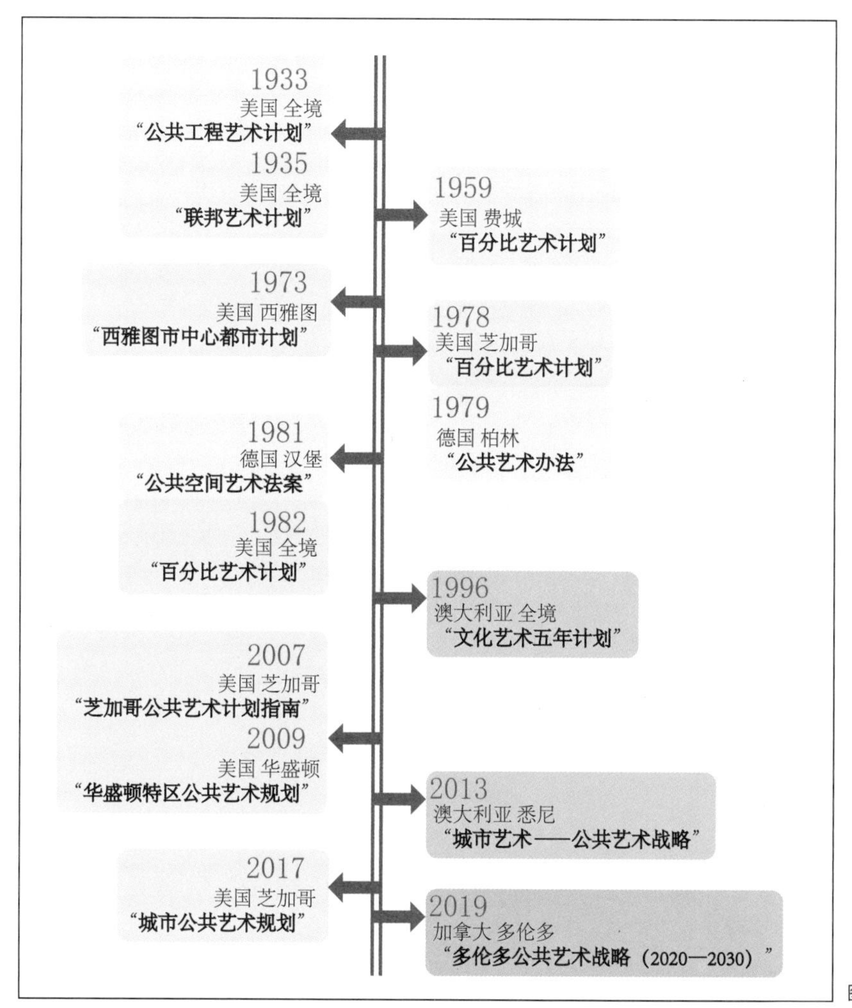

图1　国外主要公共艺术法案（自绘）

州、苏州、宁波、武汉、洛阳、福州、南宁、天津等城市相继制定了城市的雕塑规划，主要围绕各城市的雕塑建设整体目标展开，确立了发展城市雕塑的文化导向、发展战略和政策支持。其中，攀枝花市率先出台的《攀枝花市公共艺术总体规划（2005—2008年）》，做到了科学性、社会性与艺术性的紧密结合，探索了相关规划方法和理论框架，从城市空间及公共艺术现状分析入手，建构起攀枝花市公共艺术规划的总体框架，对后续城市设立公共艺术规划产生了意义重大的示范作用。公共艺术法案及雕塑或公共艺术规划的良性发展，不仅能为公共艺术发展提供稳定的资金来源和政策保障、行之有效的管理体系和系统的运作机制，也能保障公共艺术的公共性价值和艺术品质，这都有助于公共艺术的有序发展，并在城市和整体文化架构中发挥多元的作用。

第三节　公共艺术设计的表现形式

接下来，继续谈一谈公共艺术设计的具体表现形式。随着公共艺术的发展，公共艺术从雕塑和壁画等传统形式演变出丰富多样的形式类型。

总体来说，公共艺术设计经历了从传统公共艺术类型到新类型的转变过程，不同的类型有着不同的表现形式和载体，按照功能和类型可以划分为三类，分别是包括雕塑和壁画的传统类型公共艺术，涵盖城市家具、交通设施和信息设施的功能型公共艺术，以及最新发展起来的新类型公共艺术（表现为艺术装置、社区艺术和艺术活动）。每一种类型的公共艺术各有其特点和优势，但公共艺术发展的总体趋势是更加实用化和民主化（见图3）。

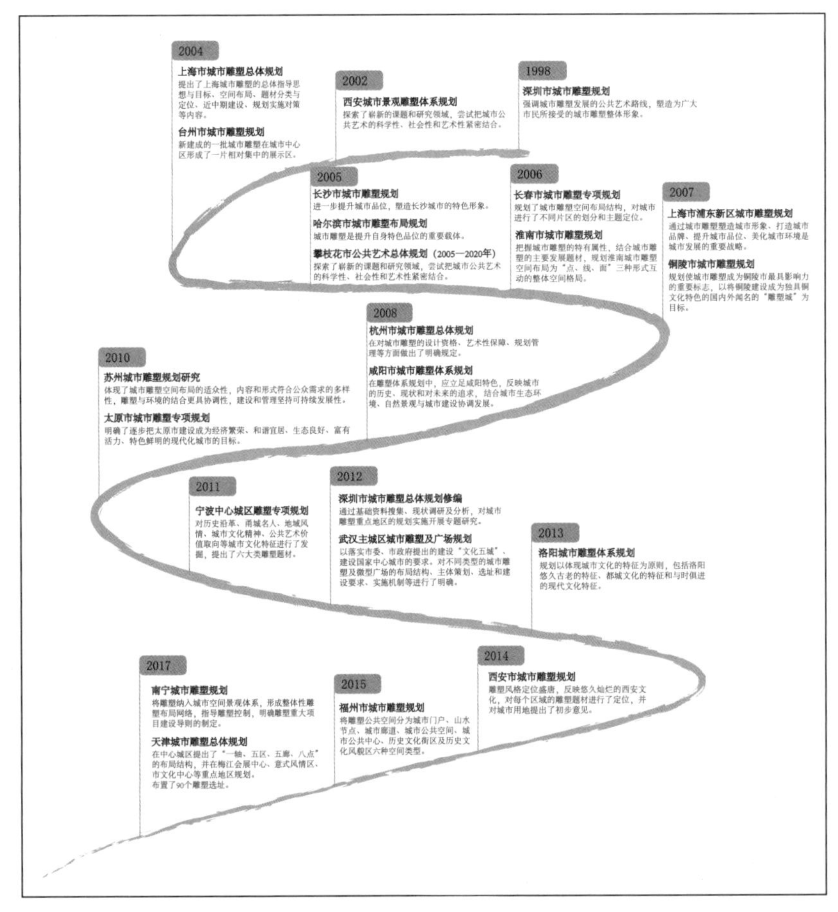

图2　国内雕塑及公共艺术规划（自绘）

分类	表现形式	特点	总结
传统类型公共艺术	雕塑 壁画	主题相对永恒	
功能型公共艺术	城市家具 交通设施 信息设施	兼具艺术化与使用功能	公共艺术朝实用、民主的趋势发展
新类型公共艺术	艺术装置 社区艺术 艺术活动	非传统的媒介 公众直接参与互动	

图3　公共艺术设计的表现形式（自绘）

第四节　公共艺术规划的发展及内涵

公共艺术作为“公共艺术规划”一词的前缀，确定了规划目标及规划内容。作为公共空间的艺术，从空间上来看，公共艺术不同于其他艺术，它位于城市建成区范围内，城市公共空间中，如城市广场、街道、公园绿地、滨河公园、城市交通干道旁。在规划管理方面，公共艺术规划涉及公共艺术委员会、城市规划部门、社区发展委员会和市政部门。从实现的过程来看，它涉及城市规划和管理的全过程。

在具体定义上，公共艺术规划是指公共空间艺术领域中的城市规划及布局。为满足城市发展理念及公共艺术价值建立的需求，公共艺术与城市规划应相互结合，互相补充，共同改善城市空间环境，更好地实现城市建设目标，促进城市发展。在城市建设增速发展的大背景下，公共艺术规划作为一个新的研究领域，已有学科中对其尚未提及。对此，文化学者孙振华博士的看法是，公共艺术规划的兴起可以让公众更好地了解公共艺术与城市空间，同时体现文化建设的需求。城市发展目标要与公共艺术规划相结合协同发展，提高设计的科学性，在实践中凸显文化特色。公共艺术规划建设以综合考虑公共空间为前提，统一对公共艺术进行规划，优化空间分布，促进公共艺术更好地服务于公众，指导文化建设健康有序发展（见图4）。

根据以上内容，我们发现公共艺术规划与公共艺术设计是紧密相连的，两者的关系就如同城市景观规划与设计的关系一样。公共艺术规划是在前的，侧重于对公共艺术的宏观把握，能从整体上确立相应片区的总体目标和设计方向，包含了主题规划、载体规划、色彩规划和时间规划等内容，涉及了多类参与主体，是指导性的思路设计。而公共艺术设计紧跟其后，更偏重于微观具体实践，强调单独的公共艺术作品创作和落地实施，包含具体设计内容的构思，对材料、色彩和工艺的选择等，是在宏观指导下的具体设计构思。

本书在接下来的章节中，将结合公共艺术规划的内容，系统性、整体性地阐述公共艺术设计的理论框架与设计思路，以便读者从根本上掌握理论知识并更好地将其运用到公共艺术实践项目中。

目标	使得公共艺术建设有序进行，促进城市发展
前提	综合考虑公共空间、符合城市发展理念、表达公共艺术价值需求
内容	公共艺术在数量、题材、内容、形式、体量、位置等方面的总体控制与统筹规划
指导理论	城市设计理论、城市规划理论、公共艺术理论
原则	高质量、均衡性、整体性、可持续性、科学性、参与性、系统性
意义	改善城市空间环境，促进公共艺术更好服务公众，指导文化建设健康有序发展

图4　公共艺术规划的发展及内涵（自绘）

第四章

CHAPTER 4

公共艺术设计的规划思路

课题的前期引导

在了解了公共艺术发展历史及其表现形式、公共艺术设计的发展后，我们正式进入学习公共艺术设计思路的部分。公共艺术设计需要综合考量的内容颇多，需要综合经济、文化、社会需求进行设计，不仅要以解决现存问题为目标，还应该以挖掘更深层且长远的精神意义为追求；不仅要注重物质环境的改善，还要注重文化氛围的营造和艺术审美的提升。在进行公共艺术设计之前，我们需要充分了解设计范围内及周边乃至整座城市的区域状况，考虑环境因素和人文因素，做到设计的系统性、科学性和在地性。

刚开始进行公共艺术设计时，我们总是会有一种无从下手的感觉，没有明确的思路和方向。我们往往会考虑很多问题，例如需要展开什么样的分析、如何分析它、如何总结我们所需的信息方便开展设计、如何整理我们的思路并从现有的资源中找到灵感与亮点，这些问题我们都将在本章进行系统的学习。

通过本章的学习，我们能够梳理出一套从拿到设计范围后展开自己的设计思路方法，做到全面、详细、不遗落重点，根据场地特点最大限度地展开接下来的公共艺术设计。

第一节　公共艺术设计的前期调研

一、上位认知

从区域视野出发，了解规划地的地域特色、发展状况、主要问题、发展策略、相关政策等，方便对其进行顺应发展战略与要求的合理的公共艺术规划设计。在进行上位认知时，需要考量的方面包括上位现状与上位规划（见图1）。

上位现状即对公共艺术设计范围的上一层级的基本状况进行了解分析，介入角度有历史文化、地形与交通、生态状况、经济产业与功能分区等。了解历史文化即对当地的文化背景有一定的掌握，便于在该文化的精神理念下组织风格鲜明的地域公共艺术。分析交通与地形状况，观察该城市的地理分区（例如滨水区、坡地区等），不同地理类型适合不同形式的公共艺术。掌握当地的生态与自然资源状况，可以为创作提供灵感与素材来源，发展特色生态公共艺术。经济是艺术发展的基础，了解经济状况能够更合理地安排公共艺术的形式与尺度，经济薄弱的地区可以考虑用艺术带动。宏观了解城市的功能分区，便于对特定区域展开不同主题、不同需求、不同形式的公共艺术规划，打造最适合当地的公共艺术形式。

上位规划则是指对上一层级的相关政策进行了解，公共艺术设计的思路以相关政策为指导。发展策略即对公共艺术规划有宏观指导意义的城市发展策略，例如发展文化特色城市、生态特色城市等策略。相关政策即城市规划层面的相关政策，例如城市绿地占比要求等政策，可对应发展生态公共艺术。

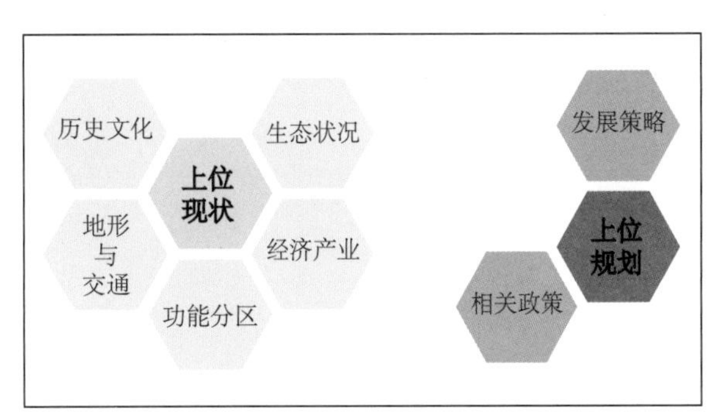

图1　上位认知分析角度（自绘）

二、场地认知

通过上位认知，我们已经明晰了设计区域所在地的基本状况与相关政策规划。带着上位区域的宏观认知，再针对我们的设计场地进行具体的调研与分析，了解该场地的特性，掌握场地的物质与非物质构成要素，总结场地内需要解决的具体问题，展开具体的公共艺术设计。

对于设计场地的认知，首先，要明确规划区域的具体面积、地形、功能分区、区域内特殊的物质构成要素与非物质构成要素。利用设计方法对场所进行精神认知，即生成居民集体记忆。场地认知的目的是得到意象空间构成要素及其影响因素，在后期按照不同空间的特性进行合理最优规划（见图2）。

主要方法1：问卷调查法

问卷调查法是国内外社会调查中较为广泛使用的一种方法。问卷是指为统计和调查所用的、以设问的方式表述问题的表格。问卷调查法就是研究者用这种控制式的测量对所研究的问题进行度量，从而搜集到可靠的资料的一种方法，大多用邮寄、个别分送或集体分发等多种方式发送问卷，由调查者按照表格所问来填写答案。一般来讲，问卷较之访谈表要更详细、完整和易于控制。问卷的设计要求规范化并可计量，其主要优点在于标准化和成本低。通过问卷调查的数据分析，可以从市民的角度理清规划的相关现状及需要优先解决的问题。总结分析这些结论，有助于我们提出规划发展思路的主要方向。

主要方法2：实地调查法

实地调查法是相对案头调研而言的，是对在实地进行市场调研活动的统称。在一些情况下，如果案头调研无法实现调研目的，收集资料不够及时准确时，就需要适时地使用实地调查法来解决问题，取得第一手资料和情报，使调研工作有效、顺利地开展。所谓实地调查法，就是指针对第一手资料进行的调查活动。

运用**问卷调查法**生成集体记忆		
	问卷设计	**第一部分：**青果巷历史街区意象空间构成 从总体印象、区域、道路、边缘、地标、节点六个方面获得居民的熟悉程度。 **第二部分：**青果巷历史街区意象空间构成的影响因素 具体表现为主观因素、客观因素、中介因素。 **第三部分：**个人信息 包括被调查者性别、年龄、学历、职业、月收入和在常州的居住年限。
	构成要素分析	**（1）总体印象** 总体印象中“历史遗迹破坏严重，需要加强保护”所占比例最高，为45%；“整体良好，但是基础设施陈旧需要翻新”其次，为38%；“不错，维持现状就好”占14%；“与现代都市不相称”占3%。 **（2）意象空间结构要素分析** 通过描述性统计量求出均值，在对青果巷历史街区意象空间结构五要素进行赋值的时候，最熟悉的标记为大的数字，最不熟悉的标记为小的数字，均值越大表示居民对该部分的熟悉程度越大，反之亦然。
	构成要素的影响因素	问卷分析了主观、客观、中介因素对集体记忆的影响。 主观因素中，“拥有青果巷的生活经历”对居民集体记忆的影响最大。 客观因素中，主干道、居住区附近的建筑/事物对居民集体记忆的影响最大。 中介因素中，书籍、报纸、杂志的报道对居民集体记忆的影响最大。

常州青果巷集体记忆结论

第一，青果巷历史街区的空间感应发展处于成长阶段。为了推动青果巷历史街区发展至成熟阶段，必须对区域（面状要素）进行深层规划，如明确区域发展界限、依照区域特点进行整修、发挥区域功能等。

第二，居民对道路、边缘、节点的熟悉程度体现了集体记忆当下的思想核心和动态性的特点，居民对区域、标志的熟悉程度体现了记忆连续性的特点。

第三，根据构成要素的影响因素，后续的建设规划应当在整体翻新的基础上最大限度地保持历史街区原状，还原历史街区特色面貌。一方面，可以维系当地居民共同的集体记忆；另一方面，也为规划具有地方特色的历史街区提供理论依据。

图2 常州青果巷集体记忆案例分析（自绘）

主要方法3：认知地图法

认知地图法是探求人们如何把握空间和空间要素的方法，通过认知地图法，可以生成某地居民的集体记忆。集体记忆为理解文化和地域之间的关系提供了依据。我国对集体记忆的研究集中于20世纪后，主要运用认知地图法研究城市、集体记忆、时间与空间的紧密联系，有利于城市历史文化遗产的保护、城市地方感的塑造、公共艺术设计等。

以常州青果巷历史街区居民集体记忆的研究为例，认知地图法的操作流程与问卷调查法中问卷设计的主要要素具体如下：对于设计场地的认知，首先要明确规划区域的具体面积、地形、功能分区、区域内特殊的物质构成要素与非物质构成要素。利用设计方法对场所进行精神认知，即生成居民集体记忆。场地认知的目的是掌握意象空间构成要素及其影响因素，以便在后期按照不同空间的特性进行合理、最优规划（见图3）。

常州青果巷基本认知

常州是江南水乡历史城镇之一，青果巷位于常州旧城区中部偏南地段，是常州市区目前保存最完整、最负盛名的古街区。街区内现存多处古井、古树、名人故居，历史文化价值颇高。

运用**认知地图法**生成集体记忆

收集

采用林奇的自由描画法获得居民对青果巷历史街区的地形草图

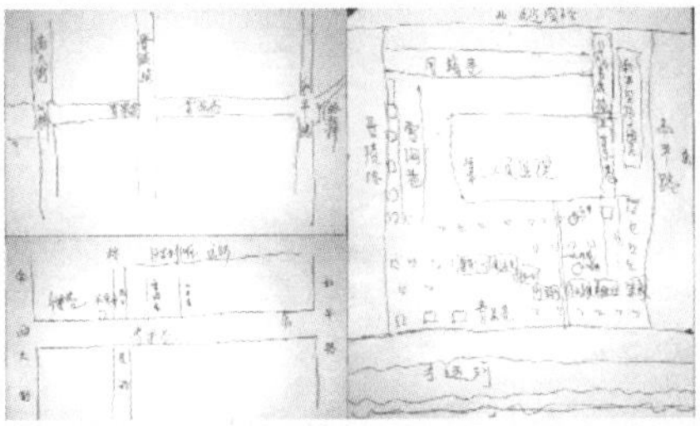

分析

类型

在回收的有效草图中，按照描绘的范围大小，大致分为三个类型。
类型Ⅰ：局限于小范围内的草图（以基本干道为主）
类型Ⅱ：除勾画出主要干道以外，还勾画出主要街巷
类型Ⅲ：以青果巷历史街区为中心向四周辐射的大范围草图

特征

对青果巷历史街区意象空间结构的研究借鉴了林奇的城市意象理论，根据林奇城市意象的五要素，对居民所描绘的地形草图中所反映的青果巷历史街区意象空间结构五构成要素进行分类统计。

（1）区域
青果巷历史街区区域可分为传统民居区、名人故居区、历史遗迹区，且名人故居的认知频率最高。

（2）道路
道路因素是青果巷历史街区意象空间构成的主导因素。青果巷历史街区的道路意象可分为两类：一类是以主干道青果巷为中心及其附近的道路，另一类是青果巷及其附近道路的延伸线。

（3）边缘
边缘是青果巷历史街区与外界现代化商业区的分界线，因此在某种程度上道路和边缘可以重合。另外，运河在青果巷居民心中的意象度高达40.9%。

（4）地标
地标或标志物是指最具有代表性的建筑/事物。青果巷历史街区的地标可分为三组：第一组——运河（意象度为40%以上），第二组——桥梁（意象度为20%以上），第三组——故居（意象度为20%以下）。

（5）节点
节点是指居民能够进入的点，如道路交会点或集散地，即往来人流量最大的地方。青果巷历史街区的节点主要包括青果巷、古村路与正素巷交界处的两片入口空间及中心桥边。由于节点在草图上很难体现出来，因此其意象度均不足10%。

结论

青果巷历史街区的空间感应发展整体处于成长阶段，且还将持续较长时间。

第一，居民对青果巷历史街区区域、节点的意象度偏低，对道路的意象度最高，其中主干道青果巷意象度达到100%。
第二，青果巷历史街区的道路轮廓呈鱼骨形状，即以东西向的主干道青果巷为中心，南北各有些许巷道。
第三，以晋陵路为分界线将青果巷分为东西两区。
第四，客体的意象度高低存在近域性，即客体被标示的准确性与主体所在居住地/工作地到客体间的距离成反比，两地间距离越小，标示正确性就越大。

图3　常州青果巷集体记忆案例分析（自绘）

学生作业示范：

无锡市凤翔路公共艺术设计——江南大学设计学院公共艺术1801班 姚霁宴

当地居民对空间的集体记忆可以通过认知地图法被总结出来。强记忆主要分布于吴文化公园、万达广场、时代广场、市民广场、西漳公园、长安中心广场周边。次强记忆主要分布于华润豫树湾、智慧大厦、明发商业区周边。次弱记忆主要分布于各个工业园区。其余地区基本均为弱记忆。在后期，对不同记忆强度的空间有针对性地进行公共艺术设计（见图4）。

认知地图法与问卷调查法是我们在进行规划设计场地认知时最常用的两种方法，除此以外，在对应研究居民行为、整理现有资料思路等其他调研步骤，还有其他设计方法。参考戴菲与章俊华发表的《规划设计学中的调查方法》，可对规划设计中能用到的设计方法进行梳理。在进行场地认知时，我们可以根据场地特性去选择最适用的设计方法，从而对设计区域展开全面调研（见表1、图5）。

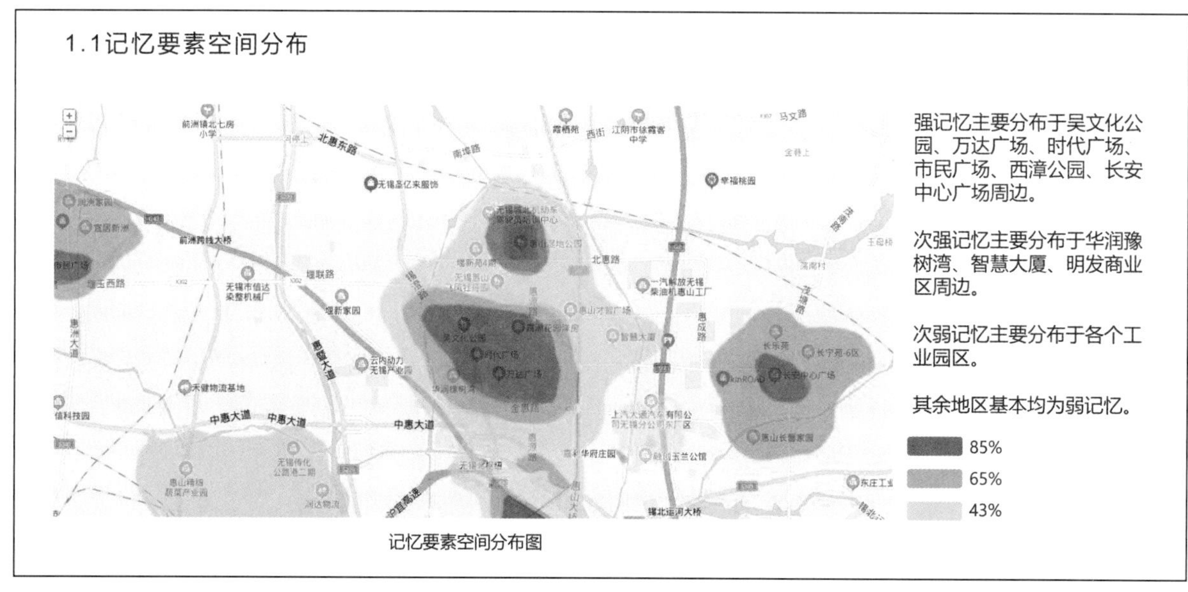

图4　无锡市凤翔路居民集体记忆要素空间分布图（公共艺术 1801班 姚霁宴）

表1　其他设计方法汇总表（自绘）

设计方法	方法概要	适用领域	调查项目
动线观察法	动线观察法作为一种针对使用者活动的有效调查方法，依据动线调查的数据，经过分析得出最佳平面的研究	①对空间的使用程度的现状进行认知 ②对已经形成的规划设计平面进行评价	①移动量 ②时间 ③动线 ④典型的运动
行动观察法	行动观察法被用于调查使用者的行为活动特征	人体动作、空间占有、行动轨迹、群体行动和时间研究	①行动种类 ②观察场所 ③观察方法 ④分析角度 ⑤数据 ⑥附图
KJ法	KJ 法与问卷调查法一样，同属于访问类的方法。KJ法就某一主题请被调查人员自由地发表意见，有时也用于研究者自己整理思路	①认知新事物（新问题、新办法），在无经验或未知的情况下，收集杂乱无章的客观事实而分析彼此的关系 ②用于形成构思，从零起步形成方案 ③打破旧体系，形成新体系	①记录（收集资料和记录卡片） ②编组 ③图解（用图示的方法标示彼此关系） ④成文
内容分析法	内容分析法是对书籍、杂志、诗歌、报纸、绘画、法律条文、电视媒体等传播媒介的内容做客观系统的定量分析的专门方法	规划设计领域历史类的研究、前瞻性的趋势分析	①建立研究目标 ②内容抽样 ③设计分析 ④维度体系 ⑤量化处理 ⑥信度分析 ⑦统计分析
心理实验	实验与调查、观察的差别是在限定的条件下系统地进行操作，并且能把握由此产生的变化	主要集中于空间环境设计时，使用者的能力、性格、感觉、态度与喜好、意义与印象、群体心理特征等方面	①心理感觉的量化 ②实验中限定条件的设计

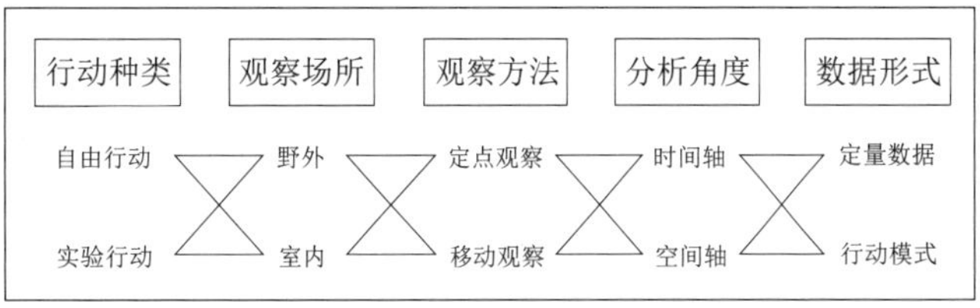

图5　行动观察的调查框架
（《规划设计学中的调查方法4——行动观察法》）

课题1

选择某座城市，对其进行上位认知和相应范围的场地认知。

要求：

1. 从该城市的历史文化、地形与交通、生态状况、经济产业与功能分区等方面对其进行系统性的认知，对上一层级的相关政策进行了解，寻求对公共艺术规划有宏观指导意义的城市发展策略，以便确定公共艺术设计的总体思路。
2. 确定具体规划的区域范围，对其具体面积、地形、功能分区、区域内特殊的物质构成要素与非物质构成要素展开研究。利用综合的设计方法进行场所认知，生成居民认知地图。

难点：

通过问卷调查法、实地调查法、认知地图法搜集社区居民对所在社区的认知情况，包括最（较）熟知的社区建筑物、最（较）熟知的社区公园绿地广场、最（较）熟知的社区商业网点商业街、最（较）熟知的社区周边交通网点，梳理出该社区居民认知核心圈及认知中心圈（次于核心圈），构建所属社区居民认知地图。

课程作业示范：

无锡市凤翔路公共艺术设计——江南大学设计学院公共艺术1801班 左嘉祺（见图6~图11）。

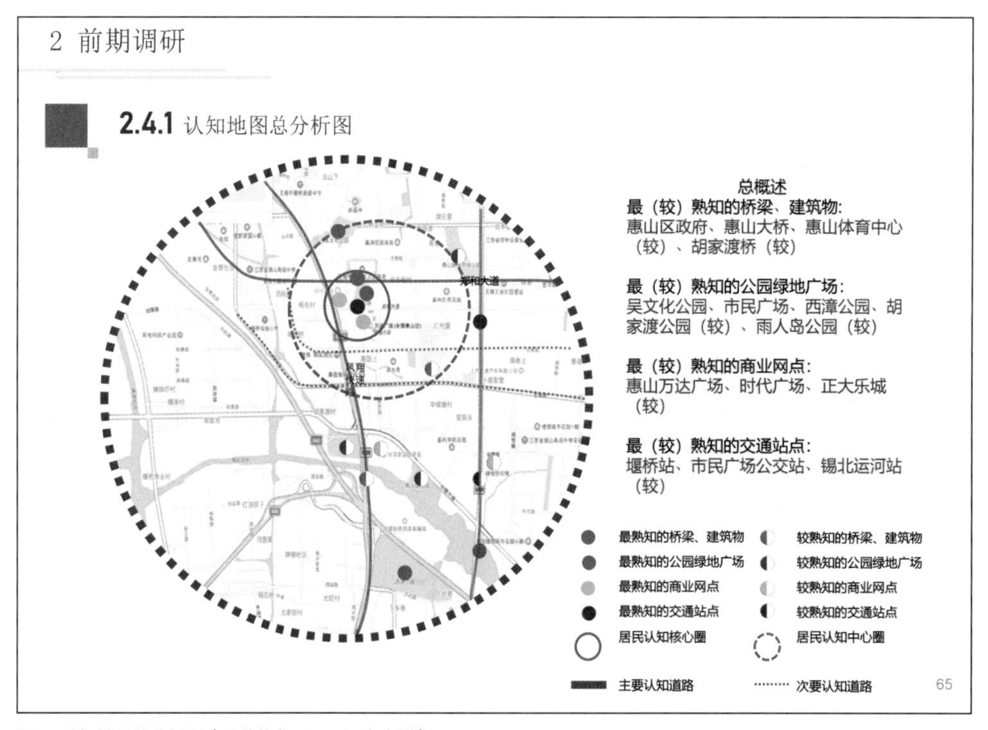

图6 认知地图总分析图（公共艺术 1801班 左嘉祺）

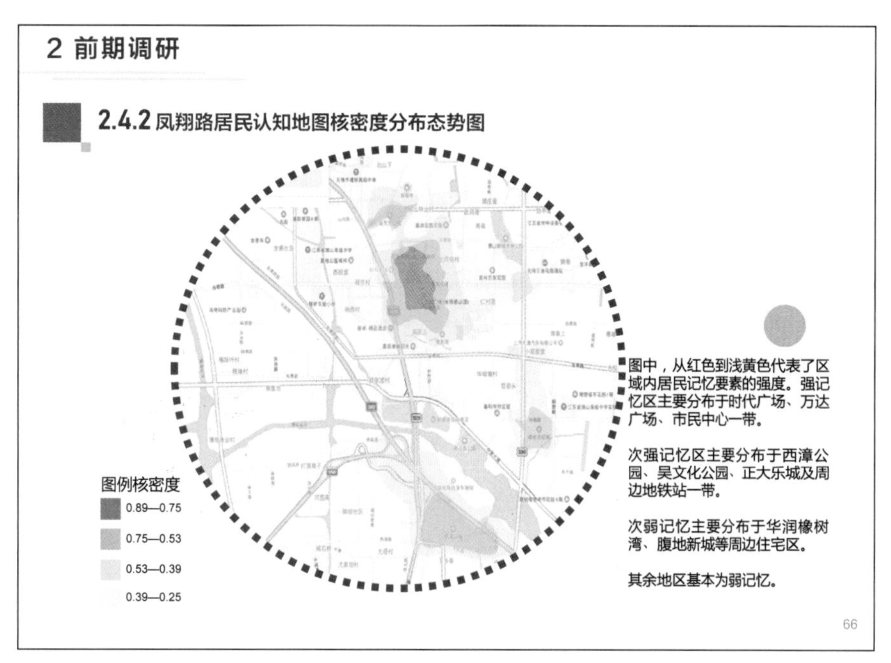

图7 凤翔路居民认知地图核密度分布态势图（公共艺术 1801班 左嘉祺）

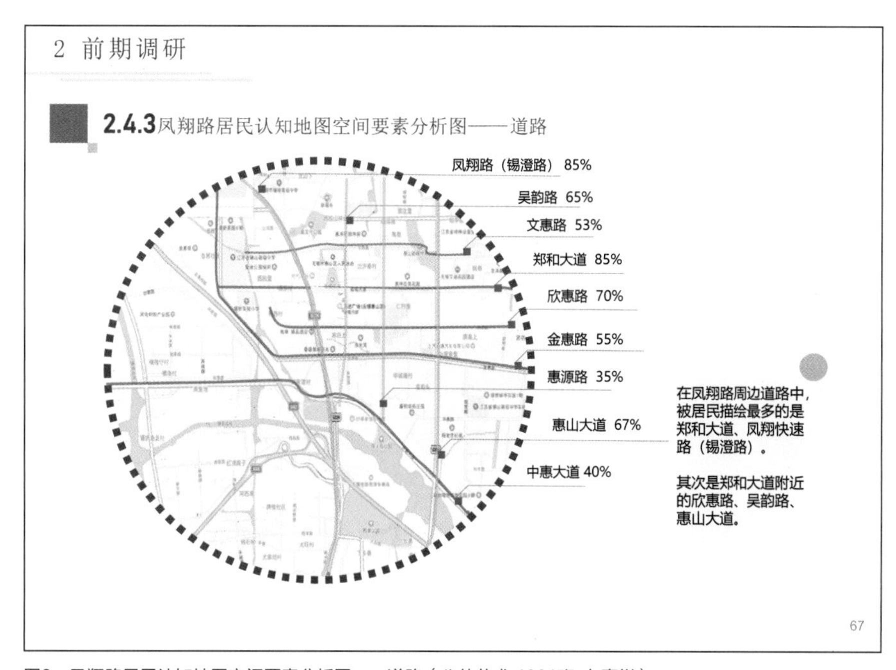

图8 凤翔路居民认知地图空间要素分析图——道路（公共艺术 1801班 左嘉祺）

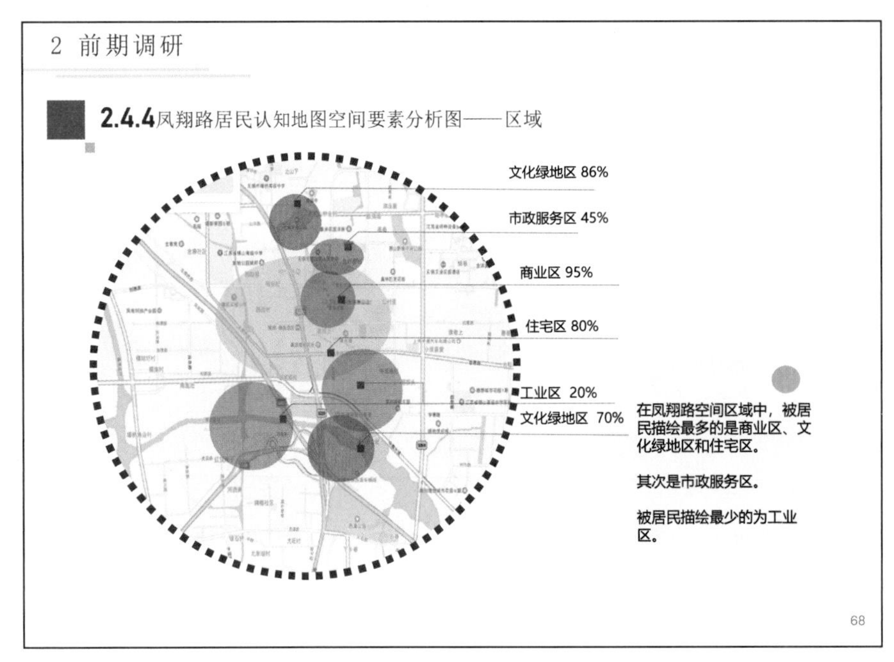

图9　凤翔路居民认知地图空间要素分析图——区域（公共艺术 1801班　左嘉祺）

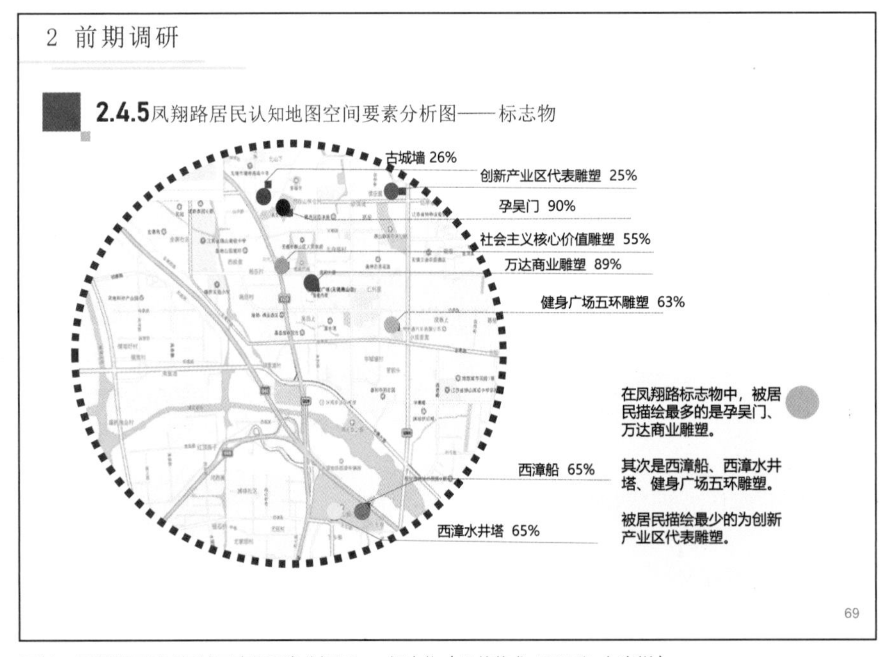

图10　凤翔路居民认知地图空间要素分析图——标志物（公共艺术 1801班　左嘉祺）

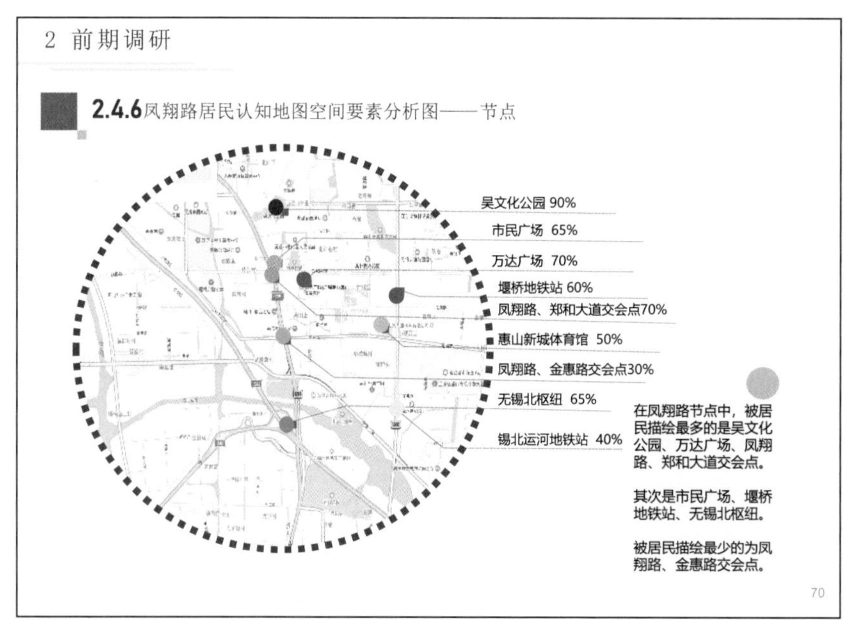

图11 凤翔路居民认知地图空间要素分析图——节点（公共艺术 1801班 左嘉祺）

三、研究范围内的公共艺术解析

通过上位认知与场地认知，我们能够宏观了解设计范围的基本状况，有些对当地的公共艺术发展有直接关系，有些联系稍弱，有些则可以作为发展公共艺术的资源与主题方向。这些信息可以理解为对设计场地基本信息的横向了解，需要做到广泛、全面。接下来是就该地的公共艺术状况进行纵向的深度了解。对现状的分析可以包含以下几个方面。

（1）历史沿革

城市公共艺术虽然是近年来才从西方引进的概念，但广义来讲，只要是面向公共的艺术，例如雕塑、壁画等城市装饰元素，就是公共艺术。研究这些城市早期的公共艺术，通过梳理其主题，可以分析某一城市想要着重表现的主题。这些主题一般是与城市历史发展息息相关的，例如记载城市重要事件、重要人物等，表达的是城市精神。这些主题同样可以作为新公共艺术设计的主题。此外，将时代精神注入经典主题，可以为城市精神带来新的活力。

对于一些有着特殊历史发展的城市，按照时间来梳理城市公共艺术发展，分析过去不同阶段形成的依据，判断目前该城市的公共艺术处于什么发展阶段，能够厘清该城市发展公共艺术的影响因素（例如政治原因、自然灾害、重要活动承办等），发现当前发展阶段的痛点问题，总结出该城市的公共艺术发展规律，为下一阶段的公共艺术规划提供意见参考。

（2）公共艺术相关规划分析

官方网站和新闻公告中政府层面发布的相关规划、法律等文件是对某地公共艺术发展起直接影响的重要因素。例如浙江台州2005年实行的《百分之一公共文化计划》是台州城市公共艺术作品数量增长迅速的直接原因，台州城市公共艺术由此进入迅速发展的阶段，推动了台州空间品质的提升，促进了台州城市文化、城市精神的展示。2018年，浙江颁布了《浙江省城市景观风貌条例》（见表2），是全国首个对城市景观风貌立法的省份，再次推动了浙江城市公共艺术的发展，同时为公共艺术发展指出了融于城市景观的发展方向。可以看到，《浙江省城市景观风貌条例》中多条都与公共艺术的发展直接相关。城市若有相关规划，就能促进整体城市公共艺术的发展，指导设计者按照规定展开公共艺术设计。

再如哈尔滨颁布的《哈尔滨市城市雕塑布局规划》，对雕塑等公共艺术作品的规划原则、规划结构、总体定位、空间布局及保护等公共艺术设计要点思路进行规范，能够引导城市雕塑空间安排合理、作品主题突出、施工维护有序。

表2 《浙江省城市景观风貌条例》中对城市公共艺术设计有典型影响的条例（自绘）

浙江省城市景观风貌条例（于2017年11月通过，2018年5月施行）	对城市公共艺术设计的直接影响
第四条：县级以上人民政府应当加强对城市景观风貌监督管理工作的领导，将必需经费列入财政预算	经济支持
第五条：城市、县人民政府应当建立健全城市景观风貌规划设计和管理的专家和社会公众参与制度。城市景观风貌规划设计和管理中的重大事项应当公开征求专家和社会公众的意见	专业支持与公众参与
第六条：城市设计应当保护自然山水格局和历史文化遗存，体现地域特色、时代特征、人文精神和艺术品位	城市公共艺术设计的总体目标
第八条：下列区域应当列入城市景观风貌重点管控区域：（一）城市核心区；（二）历史文化街区和其他体现历史风貌的地区；（三）新城新区；（四）主要的街道、城市广场和公园绿地；（五）重要的滨水地区和山前地区；（六）对城市景观风貌具有重要影响的其他区域	城市公共艺术设计的重点区域
第十八条：下列建设项目应当配置公共环境艺术品：（一）建筑面积一万平方米以上的文化、体育等公共建筑；（二）航站楼、火车站、城市轨道交通站点等交通场站；（三）用地面积一万平方米以上的广场和公园。本条例所称公共环境艺术品，包括城市雕塑、壁画、绿化造景等艺术作品和艺术化的景观灯光、水景、城市家具等公共设施	城市公共艺术数量保障

可见，有相关法规、政策的支持，有宏观规划策略等因素的支持，不仅能促进公共艺术项目的诞生，而且对项目的方案质量、施工、验收、后期维护等诸多环节起到保障与巩固作用。因此，在对设计进行公共艺术解析时，是否有公共艺术相关规划也是重要的分析角度之一。

（3）设计范围内的公共艺术作品现状

通过对某城市公共艺术历史沿革与相关规划的分析，我们能够对该城市公共艺术发展的脉络、诱因等因素有进一步的了解，接下来就是系统地整理当前公共艺术作品的状况。

在调研某地公共艺术作品时，我们可以借助上一节认知地图法生成的居民城市印象来判断哪些区域是存在公共艺术作品的，是需要着重调研的。经济中心（例如CBD、娱乐集中区等）、交通中心（例如火车站、机场、城市交通枢纽等）、文化中心（例如文体中心、博物馆、展览馆、科技馆、图书馆、大学城、名人故居等）、生态中心（例如公园、湿地、动植物园等），这些地方一般存在较多的公共艺术作品。

将这些区域的公共艺术作品平铺，可以观察到城市公共艺术作品的状况。在这一步分析中，我们一般采用图表绘制的方式制作现场图片、形式、位置、主题、材质的公共艺术一览表，这在视觉上能直观反映分布状况、作品表现状况、作品与城市的联结关系等要素，便于信息的整理与总结。

课题2

选择一定的设计范围，通过调查研究绘制出该地区的公共艺术现状分布图和公共艺术作品汇总表。

要求：

1. 选择合适的设计范围。如果该地区整体区域面积较小或者公共艺术现状不明显，则可以将设计范围相应扩大至整座城市。如果该地区公共艺术现状丰富、艺术作品数量众多，则可以将设计范围相应缩小至某个区域，比如社区。
2. 通过实地考察、记录，结合线上考察，汇总出设计范围内的公共艺术现状分布情况。

难点：

通过对数个社区及周边空间分布的公共艺术作品的调查，摸清现存公共艺术的主要类型和特色，对其风格、材质、题材、形式等内容进行登记汇总，分析其分布规律和创作、建造特点，在此基础上分析不足和局限，提出新的整治措施。

课程作业示范：

山东省淄博市张店区公共艺术设计——江南大学设计学院公共艺术1701班 张筱晴

以山东省淄博市（北方三线城市）为例，通过图表梳理，分析山东省淄博市公共艺术作品现状。

1. 分布分散，以点状分布为主，缺乏线与面状分布。

2. 公共艺术作品特点：

（1）形式相对单一（缺乏公共艺术活动、公共景观、装置、标识物、灯饰等其他形式的公共艺术作品）。

（2）作品大多以灰色或材料本身的颜色为主，其他颜色中红色出现最多，色彩单调。

（3）作品材质种类少，以石材、金属等为主。

3. 城市意象较弱，作品缺乏城市特点。这也是在认知地图了解过程中，其他区县公共艺术作品少且没有一件公共艺术作品大比例出现在调查结果中的原因（见图12~图17）。

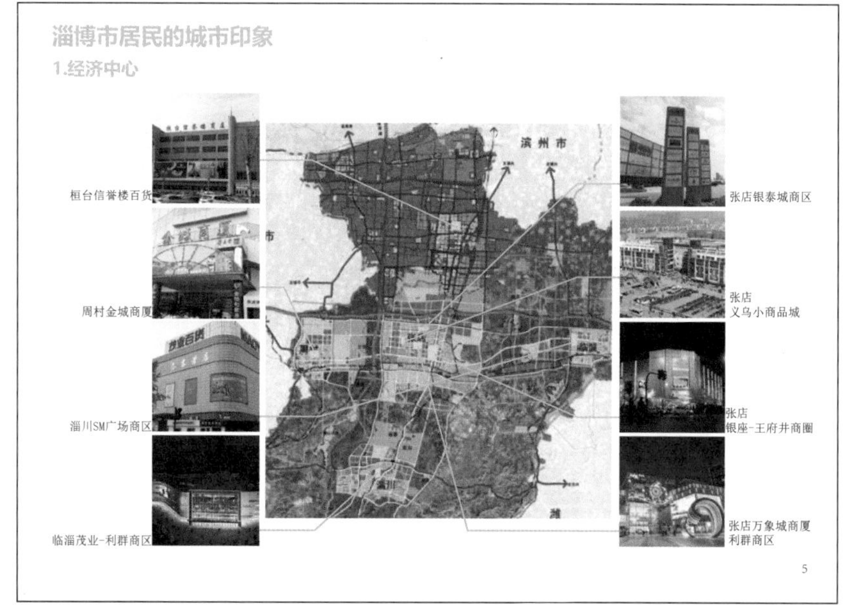

图12 淄博市居民的城市印象（经济中心）（公共艺术1701班 张筱晴）

图13 淄博市居民的城市印象（文体中心、博物馆、体育馆）（公共艺术1701班 张筱晴）

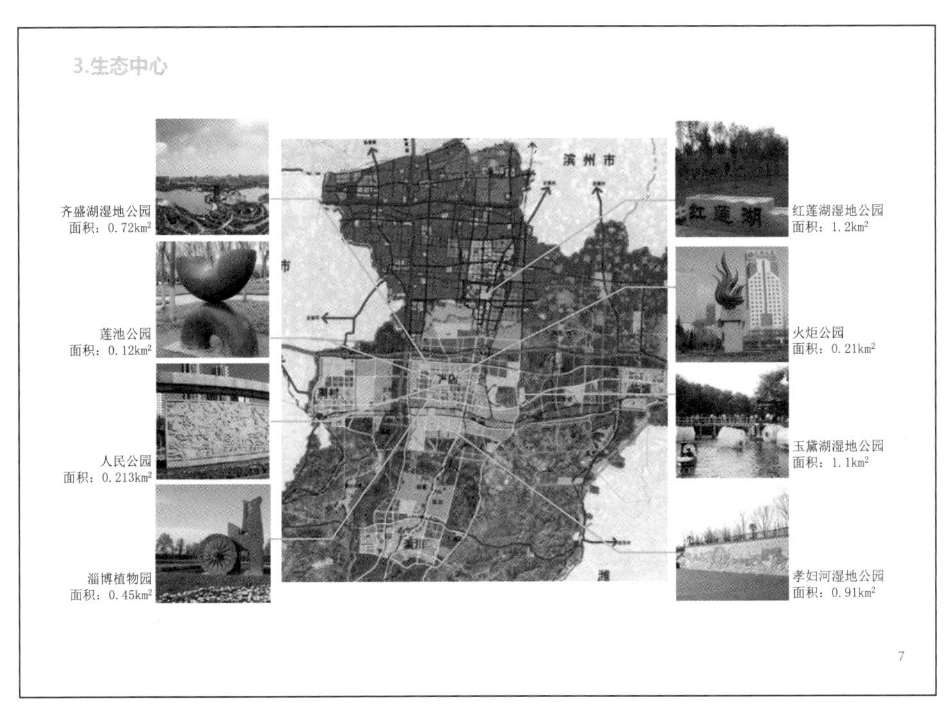

图14　淄博市居民的城市印象（生态中心）（公共艺术1701班 张筱晴）

图15　淄博市城市主要公共艺术作品分布统计（公共艺术1701班 张筱晴）

公共艺术作品一览——张店区

作品	位置	主题	材质	形式
	淄博 高速站口	纪念 济青高速建成	铜合金	雕塑
	火炬公园	时代 凤凰涅槃	玻璃钢	雕塑
	万象汇 -商厦商圈	时代 希望之光	金属	雕塑
	万象汇 -商厦商圈	时代 彩虹	玻璃钢	雕塑
	银座 -王府井商圈	地标 王府井广场	金属	雕塑
	银座 -王府井商圈	文化 黄桑文化	颜料	壁画
	博物馆广场	时代	金属	雕塑

作品	位置	主题	材质	形式
	人民公园	纪念	石材	浮雕
	人民公园	春秋文化	石材	雕塑
	人民公园	时代 反映市民生活	金属	雕塑
	人民公园	装饰	马赛克	铺地
	人民公园	水资源保护	金属	雕塑
	莲池公园	时代	石材	雕塑
	火车站广场	地域文化 齐文化	玻璃	雕塑

9

图16　淄博市主城区主要公共艺术作品一览——张店区（公共艺术1701班 张筱晴）

公共艺术作品一览——其他区县

作品	位置	主题	材质	形式
	桓台王渔阳纪念馆	名人故居纪念	石材	雕塑
	淄川蒲松龄故居	名人故居纪念	石材	雕塑
	淄川银座广场	装饰	金属	雕塑
	临淄区蹴鞠博物馆	蹴鞠文化	金属	雕塑
	齐盛湖公园	齐文化	石材	浮雕

10

图17　淄博市其他区县主要公共艺术作品一览——其他区县（公共艺术1701班 张筱晴）

课程作业示范：

广州市小洲村公共艺术设计——江南大学设计学院公共艺术1902班 曹琳

按照调研与设计范围的递进关系逐步进行公共艺术作品总结（见图18~图23）。

图18 广州市典型公共艺术现状分布（公共艺术1902班 曹琳）

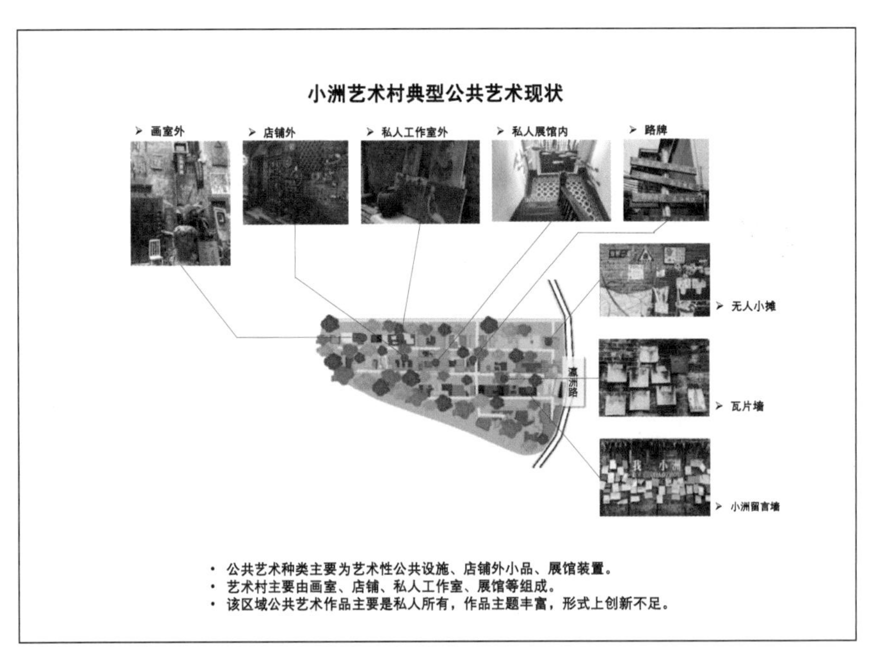

图19 小洲艺术村典型公共艺术现状（公共艺术1902班 曹琳）

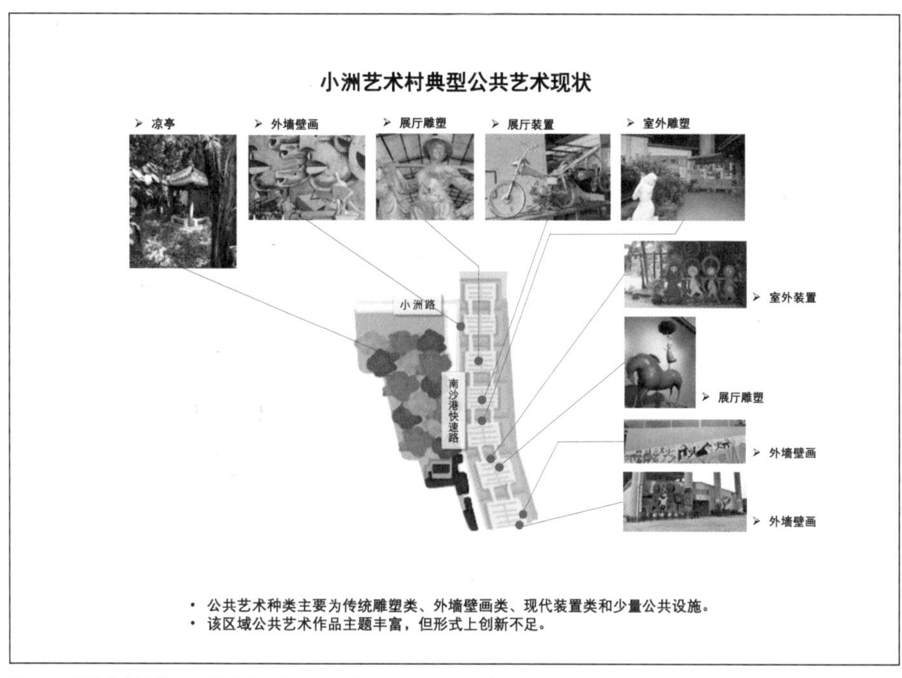

图20　小洲艺术村典型公共艺术现状（公共艺术1902班 曹琳）

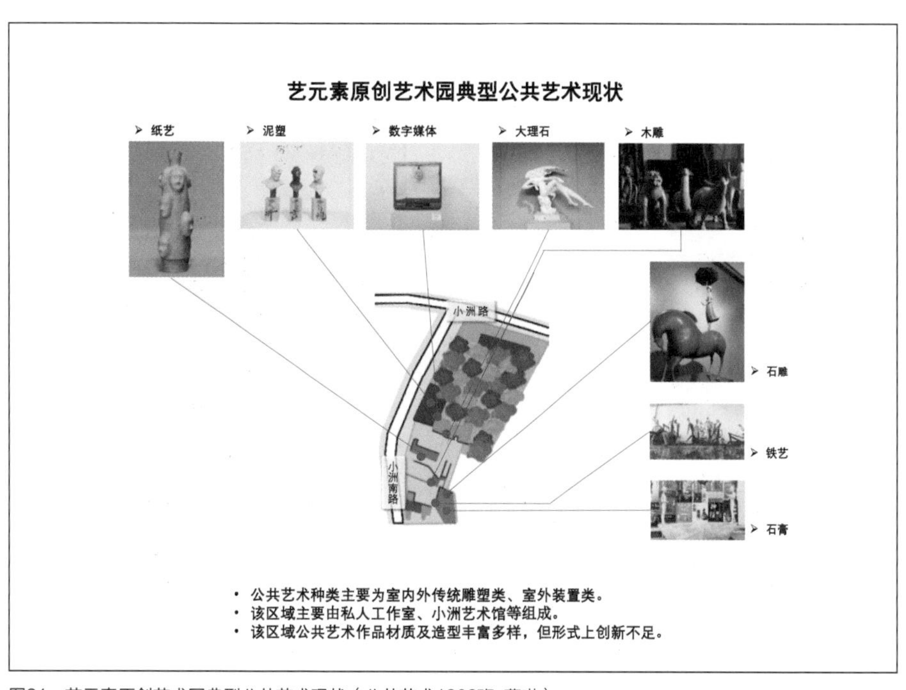

图21　艺元素原创艺术园典型公共艺术现状（公共艺术1902班 曹琳）

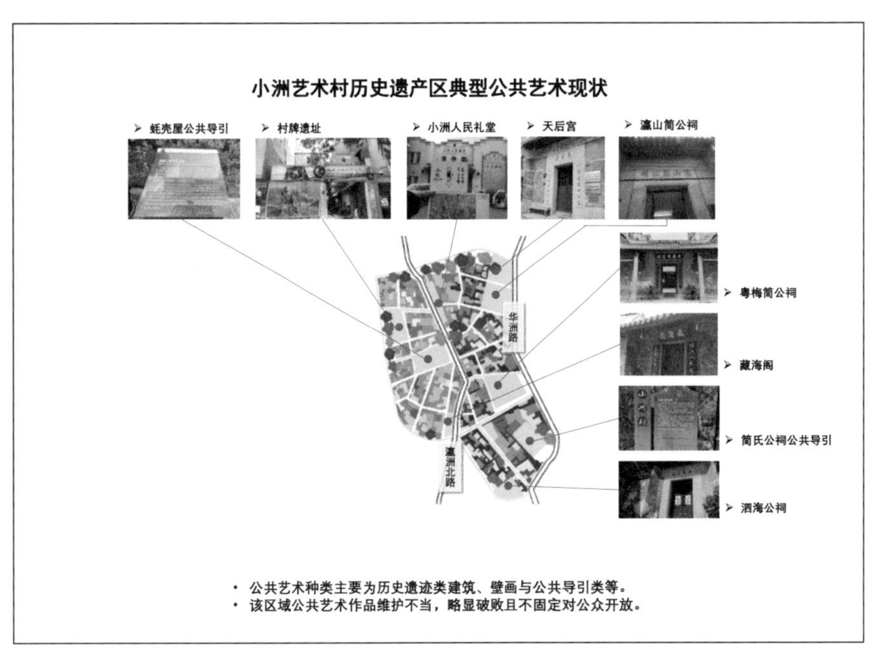

图22　小洲艺术村历史遗产区典型公共艺术现状（公共艺术1902班　曹琳）

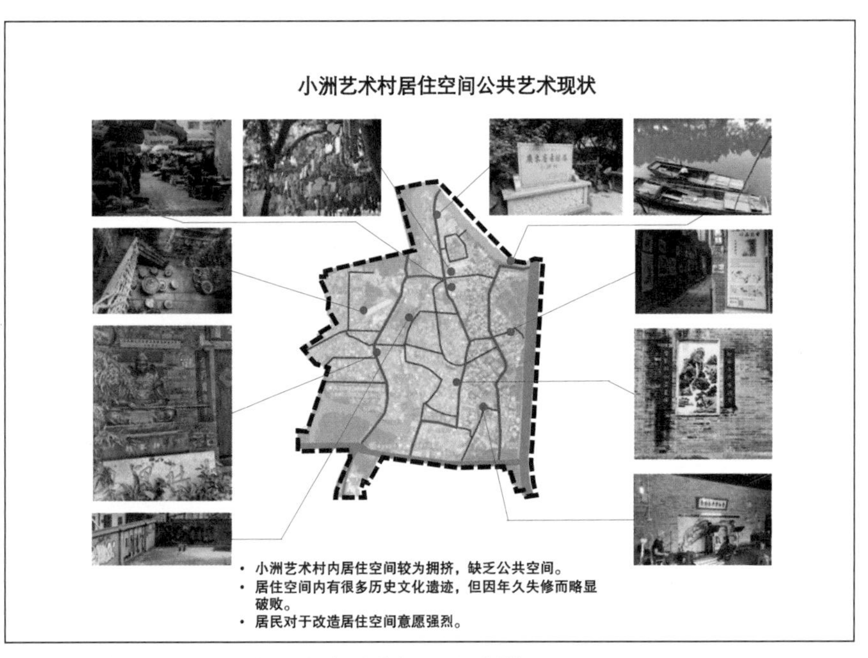

图23　小洲艺术村居住空间公共艺术现状（公共艺术1902班　曹琳）

四、公共艺术SWOT分析

SWOT分析最初用于研究商业策略，后来逐步发展为各领域通用的关于优势和劣势、机遇和威胁的分析方法。在SWOT分析原本的应用中，优劣势分析主要着眼于企业自身的实力及其与竞争对手的比较，而机会和威胁的分析，主要将注意力放在外部环境的变化及其对企业的可能影响上（见图24）。同时，在商业中，外部环境的变化给具有不同资源和能力的企业带来的威胁和机会可能完全不同，因此，必须把它们结合起来。当将其综合分析后，如下的构思基本思路便产生了。

这些规律在SWOT分析用于公共艺术分析时同样适用，根据区位分析与公共艺术现状分析，将规划区域内公共艺术规划的优势、劣势、机会、威胁列举出来，便于认清该区域进行公共艺术规划的总体要求。提出存在的问题、列出发展对策，这是汇总规划背景、展开规划宏观要求的承上启下的环节。公共艺术中的SWOT分析可以从以下方面进行切入（见图25）。

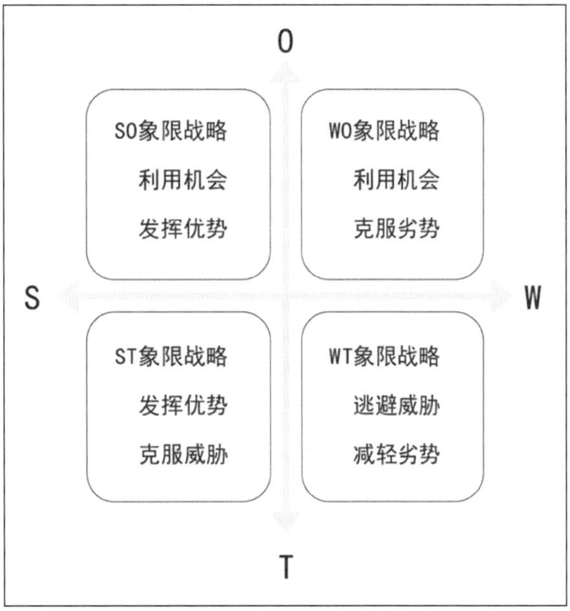

O
SO象限战略
利用机会
发挥优势
WO象限战略
利用机会
克服劣势
S
W
ST象限战略
发挥优势
克服威胁
WT象限战略
逃避威胁
减轻劣势
T

图24　SWOT模型战略构思的基本思路（自绘）

通过SWOT分析我们能够非常明晰地发现：在某地进行

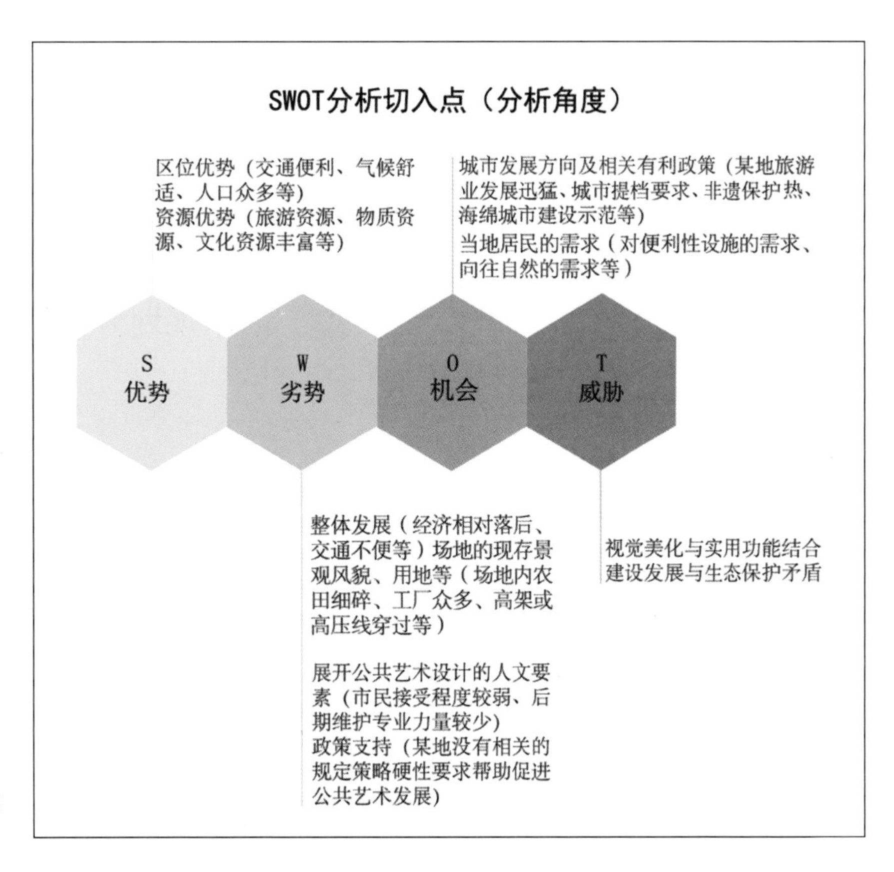

图25　公共艺术SWOT分析切入点（自绘）

公共艺术设计时，可利用的资源、可放大的因素、需要考虑的不利因素很多，我们要发现亟待解决的问题，找出解决办法，明晰公共艺术设计方向。同时这个过程能够促进设计灵感的产生。以下是小洲村居住空间公共艺术现状SWOT分析示例，可以帮助我们进一步理解和运用（见图26）。

课后思考

规划背景阶段主要要求用层层递进的思路全面了解规划区域的现状，而后将重心放在分析区域公共艺术作品现状与在该区域进行公共艺术设计需解决的问题上，最后通过SWOT分析，在该区域推导出进行公共艺术规划的思路，并在此基础上提出宏观的公共艺术规划要求（见图27）。

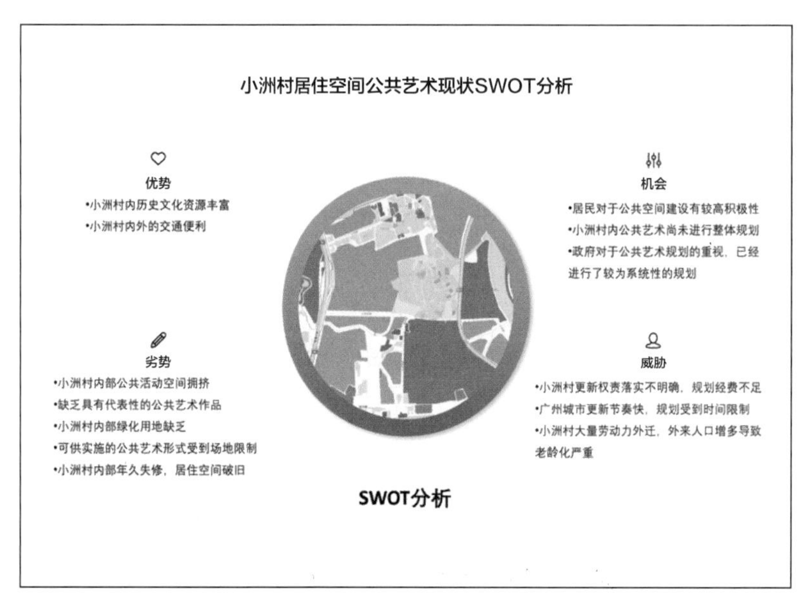

图26　小洲村居住空间公共艺术现状SWOT分析

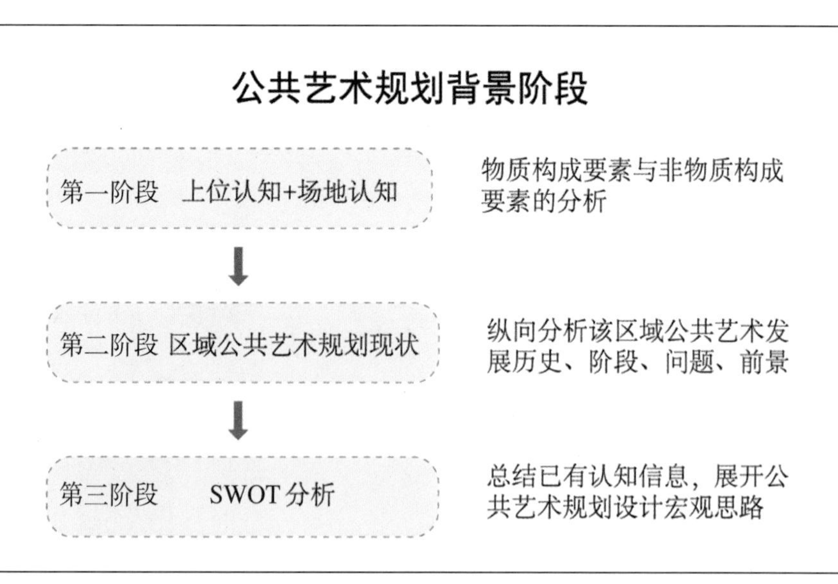

图27　公共艺术设计的前期分析思路总结（自绘）

第二节　公共艺术设计的实施策略

一、“公众参与”的概念发展

公共艺术设置源于经济大萧条中政府重振经济和振奋民心的社会改革计划，目的是希望艺术家可以在政府的鼓励支持下，重塑城市日常生活空间美感，赋予公众更多接触艺术的机会。然而，艺术潜移默化的作用毕竟难以把握与评估，实际进驻城市公共空间的作品质量也缺乏来自公众的检验。为此，许多专家学者开始强调公众参与对公共艺术存在的重要性。艺术不但要走出美术馆进入公共空间，还要提供参与审美创造的机会，进而走入公众的内心世界。公共艺术不单单是城市公共空间的各种造型工程，在其逐渐发展成熟之后，将被纳入一种公众与艺术家互动合作的关系模式。艺术家要走出工作室，广泛听取公众的意见，使创作具有包容性。从地址的确定到艺术家的遴选，创作过程中的每一步都有公众参与的契机。公众不但是公共艺术的欣赏者，而且可以参与到公共艺术方案决策和作品的创作、维护的全过程之中（见图28、图29）。

图28　上海市曹杨新村公共艺术实践“寻找曹杨”拼图工作坊现场一

图29　上海市曹杨新村公共艺术实践“寻找曹杨”拼图工作坊现场二

“公众参与”本是西方的政治学和公共行政学中的概念，指在涉及公共利益的社会经济活动中，公众应在行使法律保障的权利（如平等权、知晓权、处置权等）的基础上，更广泛地行使如决策权等权利，后来被引入城市规划、城市设计中加以运用。规划领域中的公众参与，指群众参与政府公众决策的权利，通常表述为citizen participation。“公众参与”源自美国、加拿大，最初是为了让市民宣泄不满情绪，以稳定民心，保持社会安定，而后上升到寻求公众政策，城市规划的制定、决策、管理民主化的高度。随着西方公民意识的觉醒，“公众参与”作为关于民众付出自己的感情、知识、意志和行动，进而影响公共政策或公共事务的一种自发公民运动的理论，在长期的理论研究与实践过程中得到不断优化，并随着网络技术的发展而有了新的进展。

在当代艺术的情境中，艺术家和公众的角色发生了转变，艺术介入空间和公众生活已经成为一种公共性的创作生产。不同于18世纪末浪漫主义时期，艺术不再仅被理解为个人情感的表达，艺术家的成功也不仅意味着产出好的艺术，而是常常试图打破常态的制约，产出有着“时代特质”的作品。艺术家虽然从自己的个人体验出发进行创作，但这些个人经验来自对整个时代社会的判断和表达。还有许多艺术家选择赋予观众艺术体验来作为其艺术作品的特质和美学价值，他们将扮演公共性的角色。在公共艺术领域中，新类型公共艺术（New Genre Public Art）在形态上呈现为重视观念表达、介入社会、与公众协力完成的互动过程。其艺术本质被阐述为，艺术不只是一个完成的作品，还是一个价值发现的过程、一组哲学、一种伦理行动，是对一个更大的社会文化的整体观照。有别于城市公共空间雕塑或装置艺术，新类型公共艺术涉及装置、摄影、影像、表演、观念艺术和多媒体艺术等艺术形式，饱含艺术家对环境、文化、人性等社会问题的关怀，成为以公众参与、对话交流为主的过程艺术（见图30、图31）。

图30　“2021 OCT-LOFT 公共艺术展——打开的窗户”开幕（深圳商报）

图31　“2021 OCT-LOFT 公共艺术展——打开的窗户”艺术家分享环节（深圳商报）

接下来我们以国内的广州恩宁路事件为例，来更好地理解什么是公众参与。2007年5月，广州荔湾区政府首次对外公布恩宁路改造规划范围，引发了新闻媒体对恩宁路的报道，并得到了社会各界的关注，民间团体的建立和参与、新闻媒体的报道、居民与其他社会人士的关注，使“恩宁路事件”成为广州公众参与城市规划活动的范例。恩宁路的改造规划随着公众的介入，由原本的建筑全拆重建，到最终保留局部历史建筑。居民从不知晓骑楼街的保护范围和措施等信息到参与规划、提出建议，这一过程清晰地展现了公众参与的重要性。

城市不是一个具有单一价值观的社会，而是由各阶层、文化背景的个人和团体所组成的家园。在城市发展过程中，每个人和每个团体都追求自身利益最大化，但在一个互动和竞争共存的多元社会中，任何一个团体都不应该垄断决策过程。“公众参与”是一个循序渐进、不断完善的过程，不能急于求成，但也不能束手无策。这需要各方的努力。针对恩宁路及广州其他旧城保护更新情况，高校可以开展学术研究。大众媒体一方面深入公众收集民意，向组织方反映公众意见；另一方面与城市规划编制组织单位沟通，获取最新信息并反馈给公众，在城市规划公众参与过程中起到重要的媒介作用。人大代表、城市规划专家学者通过不同视角对旧城保护更新的各项问题发表意见，并向公众传播旧城保护、规划编制等专业知识。政府部门通过规划公示、公开征询意见和修改规划来回应社区与社会的需求。

总结（见图32）：“公众参与”需要各主体的主动参加，只有各方沟通，方能实现公平的利益诉求和最大限度满足各利益主体的协调成果。

二、公共艺术的实施流程

公共艺术的实施流程，不同于土建、园林等项目，从设计到制作再到最终落地，都需要艺术家或者公共艺术专业者参与，这一过程涉及艺术家、民众、政府机关代表等各方。公共艺术项目不仅仅是艺术家的创作问题，还联系着对空间、环境、建筑、公众等元素的复杂考虑。整个过程主要可以分为三个阶段：规划阶段——设计阶段——执行阶段（见图33）。

公共艺术项目相关部门大致可以分为三种，分别是立项团队、艺术管理咨询团队以及包括艺术家在内参与制作的执行团队（见图34）。艺术管理咨询团队是公共艺术项目的中间角色，也是项目的受力支点，对上把控项目定位和

特性：
公共性

意义：
对内代表地方共同的历史记忆与情感，对外则可呈现当地民众的文化特质与水平

目的：
让公众充分发表意见，参与公共艺术的制作，使设置完成的公共艺术不致遭受无谓的抵制，让民众了解公共艺术的设置是自己的事情，并能真正提高生活空间的质量，提升民众的美学素养，透过有效的民众参与，增加艺术教育的机会

图32　公众参与总结（自绘）

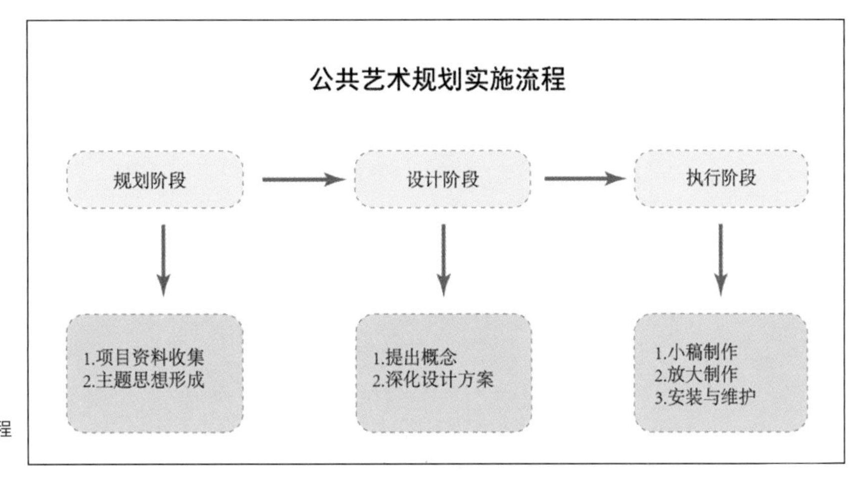

图33　公共艺术规划实施流程（自绘）

总体策划，对下负责所有实施落地工作，推动不同层级的角色达成共识。

项目初期，重点是找到贴合项目初衷与空间特点，同时勇于挑战既定概念的艺术作品。这意味着艺术管理咨询团队需要具备丰富的艺术家资源，充分与立项团队沟通，立项团队和艺术家只有相互理解认同，才能找到相互契合的合作方式。

点位规划基本确定之后，通过邀请和征集等方式收集作品方案。在这个阶段，艺术家、团体陆续提交作品方案，经过相关立项团队和相关机构综合考量，决定最终方案。而后艺术家、团体深化方案，出具图纸，并将每一阶段的资料交予立项团队审核，也交予艺术家审核。政府审批通过后，作品进入制作阶段，不同的作品对应一系列不同的制作要求，包括选材、成型和安装所需部件等，有时多个制作单位需要共同参与，各司其职，由艺术管理咨询团队统筹。制作和安装环节通常并行，这样可以将场地等现实因素也引入制作过程中。

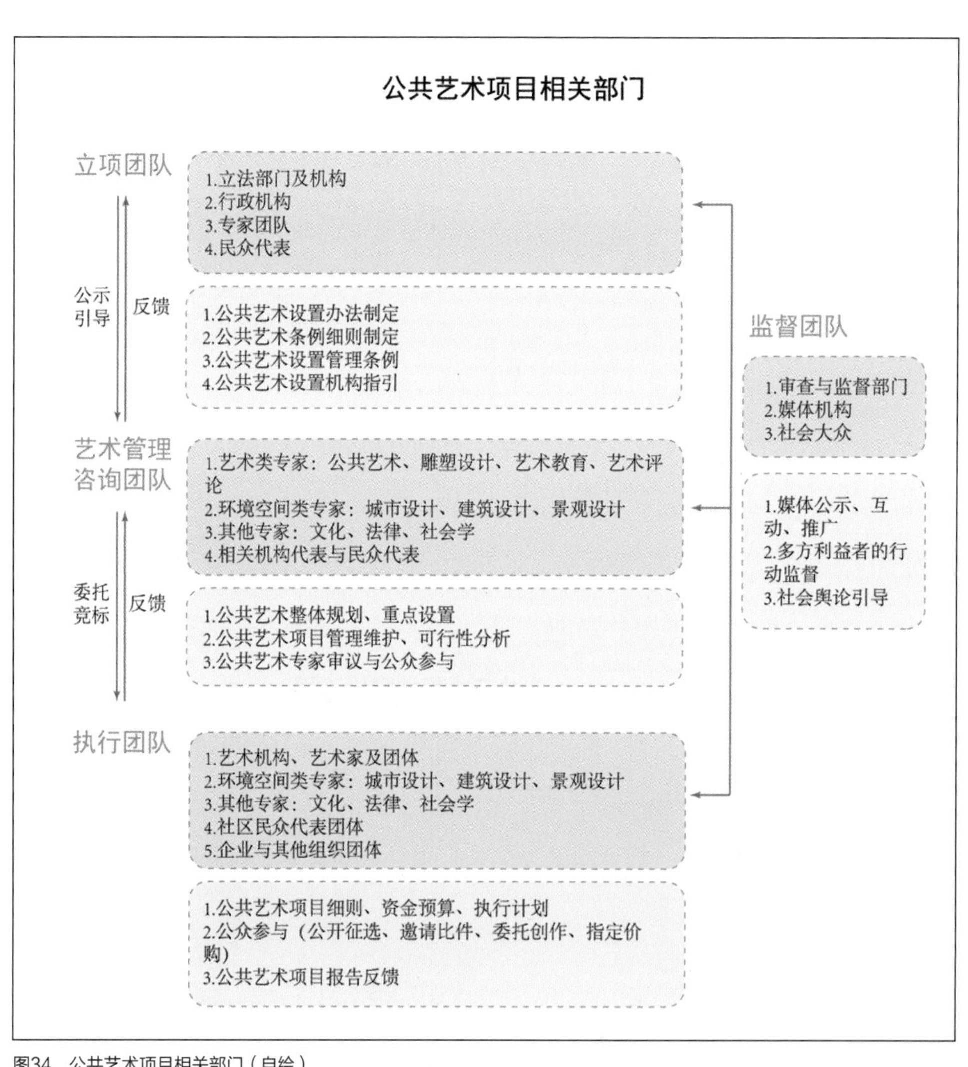

图34　公共艺术项目相关部门（自绘）

第三节　公共艺术设计的规划步骤

公共艺术建设需要以城市规划要求为指导，结合已有的不同层面的规划，相互补充，融合发展，同时也要明确自身的规划目标和思路。优秀的公共艺术设计思路有助于整合公共艺术资源，优化城市公共艺术布局，提高公共艺术作品的整体质量，促进公共艺术建设有序进行，从而达到艺术提升城市形象、塑造城市魅力、展示城市个性的效果。

一般来说，公共艺术设计思路应该从宏观、中观、微观三个层面进行思考，首先明确城市公共艺术设计的整体定位与目标，其次逐步提出不同片区和重点地区的设计策略，最后落实到具体设计的载体规划上，由整体到局部进行分级考量、科学规划。

宏观的公共艺术设计思路指的是在宏观层面把控公共艺术的发展方向，以城市为单位进行整体的公共艺术设计规划。这时就需要综合考虑各座城市的文化特性，把握不同城市的个性和资源优势，分析城市空间组成和特点，逐步确定公共艺术表现的题材与主旨，明确不同阶段的公共艺术发展目标，提高建设的合理性和科学性。基于公共艺术的设计原则，优秀的公共艺术规划需要对城市或地区的文化背景及历史传统等进行全面系统的分析归纳，结合城市品格，确定具体公共空间的创作选题，尽量脱离城市文化氛围的盲目建设。根据宏观规划，公众可以在一定程度上了解自身城市的发展方向与目标，体会城市个性。创作者在进行公共艺术设计时，也能依据所在区域的相关公共艺术规划进行深入的认识和思考，对规划目标和发展方向有一定的考虑与把握，将规划愿景与个人风格相结合，创作出优质且受公众喜爱的艺术作品。

一、公共艺术的规划现状

在开始公共艺术规划之前，我们需要对公共艺术规划现状进行分析，具体来说，就是在前期调研的基础上，对公共艺术的规划现状进行问题分析和策略总结。分析层面可以涉及现存规划分析，包括城市雕塑规划和色彩规划等，这些都可以对后续规划进行指引。我们也需要对城市空间布局进行分析，分析城市用地现状和功能分区，一般划分为住宅区、商业区、工业区等，也可以根据自身需求进行不同的区域划分。城市旧区和新区发展对比，分析比较早期城市建设的格局和历程、城市近期重点发展片区和发展目标等。有了新旧对比，就可以了解城市的发展脉络和发展理念的转变与更新，为后续公共艺术载体规划和主题规划提供依据。标志建设，分析现存标志性公共艺术建设，了解相关公共艺术作品所处的片区和地理位置及其受到公众的喜爱程度，分析它们的特性和建设历史，这有助于了解不同材料、不同形式对公共艺术设计的影响，为后续的微观层面的规划提供依据。管理维护，包括现存公共艺术的管理运作方式和维护周期等方面。还有公共艺术表现主题、公共艺术表现载体分析等。

以上所提到的几个分析层面涵盖了城市建设的不同内容，可以作为自己分析的参考。当然，我们也可以有自己独特的分析视角和关注点，但要注意，所有的分析都应建立在已有的城市公共艺术建设的实际成果或问题之上，做到具体问题具体分析，从已有的建设中吸取经验和教训。

接下来，我们可以结合课程案例来讲解在实际中如何分析和思考公共艺术的规划现状，分别可以从哪几个方面入手。以下是关于河南省郑州市的公共艺术现状分析的相关图示（见图35～图38）。

图35　公共艺术现状分析一（郑州市城乡规划局公示）

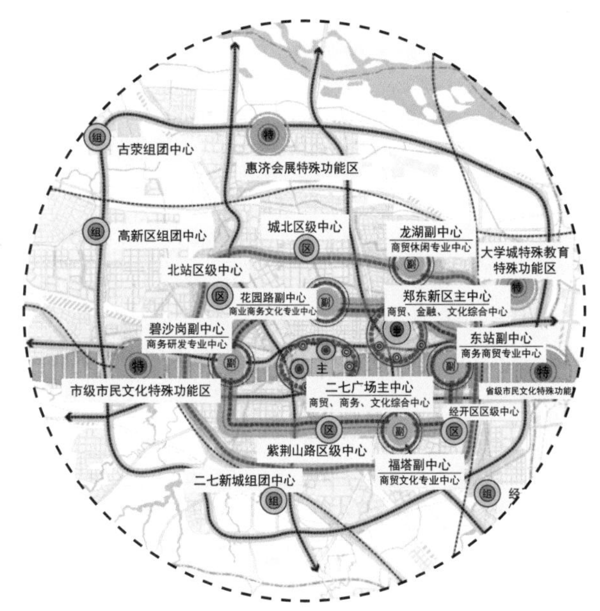

图36　公共艺术现状分析二（郑州市城乡规划局公示）

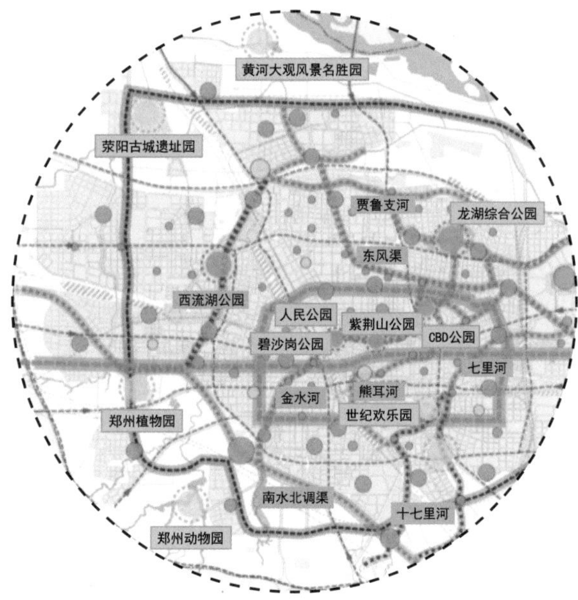

图37　公共艺术现状分析三（郑州市城乡规划局公示）

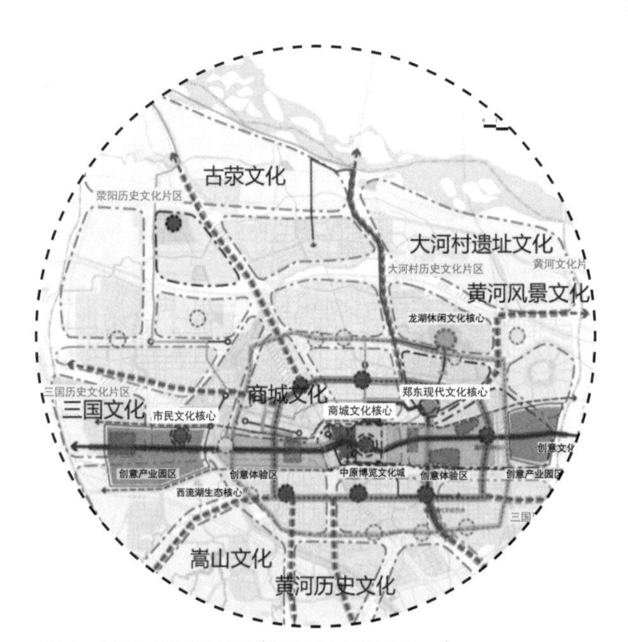

图38　公共艺术现状分析四（郑州市城乡规划局公示）

以上图片是通过线上调研得到的郑州市公共艺术相关规划图，其中涉及了城市格局规划、公共中心体系规划、公园分布、公共文化体系的相关内容，这些都是与公共艺术发展密切相关的方面。城市格局可以体现出城市的重点发展片区、发展轴线和标志节点，这些也决定了公共艺术的分布格局和发展路线；而公共文化体系分布和公园分布的现状又能体现一座城市的文化集中区和居民主要活动区，对公共艺术的集中和分散程度设计具有重要的指导意义，可以将公共艺术定位在人群活动中心和文化中心。对于城市文化体系的调研和分析也尤为重要。一般来说，每座城市乃至片区都有明确的功能分区和文化属性。在图中可以看出，郑州市的文化以历史文化和自然文化为主，在不同的片区有着不同的文化风貌。其中，历史文化包括黄河历史文化、春秋历史文化、三国文化、商城文化、大河村遗址文化和古荥文化，自然文化包括嵩山文化和黄河风景文化。相关的文化分析有助于迅速准确地将城市划分为几大文化片区，为后续设计中的文化主题确立奠定基础。

在对现有规划调研的基础上，可以进一步调研片区内的公共艺术作品分布情况，这时，可以将线上调研和线下调研相结合，尽可能全面地掌握相关的一手资料。以下是调研整理出的郑州市公共艺术分布表（见表3）。

表3　郑州市公共艺术分布

作品		位置	代表文化	材质
《黄河母亲》		黄河游览区	黄河文化	石材
《大禹治水》				
《炎黄二帝》		黄河游览区	炎黄文化	石材
《青铜时代》		人民路商城公园	商城文化	石材
《玄鸟》		商城路管城街		
《毛主席挥手像》		紫荆山广场	城市建设文化	石材
《青春》		沙口路金水路		
《郑州宣言》		商务内环路		金属
《龙魂》		商务内环路		
《擂东风（男、女）》		花园路东风渠		石材
《礼仪之门》		西四环连霍高速下站口处		
《合作共赢》		高新区化工路瑞达路		
《小吃》		德化步行商业街		金属
《钟表匠》		德化步行商业街		
《礼乐》		东风路与渠西路交叉口		

表3　郑州市公共艺术分布（续）

作品		位置	代表文化	材质
《御风行》		金水路通泰路	新兴时尚文化	石材
《山水意象》		郑州之林		金属
《如意》		郑东新区CBD区域		石材
《穿越时空》		中州大道黄河路		
《爱因斯坦》		科学大道		
《和谐之林》		金水路与未来路交叉口		
《无限》		商务内环路		金属
《森林斜纹》				石材
《春之旅》		文博广场		
《翔》		龙湖外环路与九如东路交叉口		金属
《月色》		东风渠滨河公园		
《写生》		金水河滨河公园		石材
《交谊舞》		金水路政一街		
《指路》		金水路未来路		
《火车头》		东风渠滨河公园	铁路文化	石材
《驿站》				
《巡道工》				
《情侣》				
《少林十八武僧》		文博公园	少林文化	石材
《少林小子》		嵩山路与淮河路交叉口嵩淮游园		
《梅花桩》		西四环郑少高速入口		

（公共艺术1701班　苌珂依）

表中的公共艺术作品以雕塑为主，其信息分别按照公共艺术作品的现场照片、位置、所在城区、代表文化、材质和类型等内容罗列。可以通过图表的形式将这几部分内容进行整合，按照某一属性，如文化属性、功能属性或地理位置等标准进行归纳和分类，这样就可以让人们清晰、全面地了解设计区域内现存作品的分布、所涉主题和表现形式，可以作为设计参考，也可以进行创新性发挥。除了对公共艺术作品的调研外，我们还可以收集相关规划文件和管理办法，了解目前的法案和相关规定也有助于设计的实施与落地。

同样，我们也可以调研设计范围内的色彩规划，以确定公共艺术设计的主体色调和颜色分布。对郑州市的色彩规划调研分析见图39～图41。

郑州城市色彩分析			
郑州历史时代色彩印象	轩辕黄帝时期前后	自然色多于人工色，人与黄河和泥土的关系密切，生活器具 多为石器、古陶	 土黄 陶灰 黑彩
	夏朝、商朝	得到空前发展，青铜器大量涌现	铜绿
	博物馆、遗址、遗迹	裴李岗四足石磨盘、石棒，大河村红陶黑彩和白衣彩陶，河南省博物院的莲鹤方壶、编钟、饕餮乳钉纹铜方鼎、画卷、史书、金缕玉衣……	 石灰 陶红 铜绿 纸黄 玉青

图39　郑州城市色彩分析（公共艺术1701班 苌珂依）

郑州城市色彩分析			
郑州现代色彩印象	交通、火车文化	二七纪念塔绿顶红窗 、火车绿皮车厢红钢轮	 绿 红
	农业	黄河、黄土、金麦、绿色农业、绿色生态游	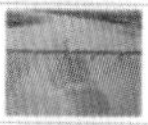 黄 绿
	城市品牌称号	绿城	 绿
	管城区	清真文化 商城遗址（土城墙） 城隍庙的红砖绿瓦 郑州老街	 绿 红 黄 灰

图40　郑州城市色彩分析（公共艺术1701班 苌珂依）

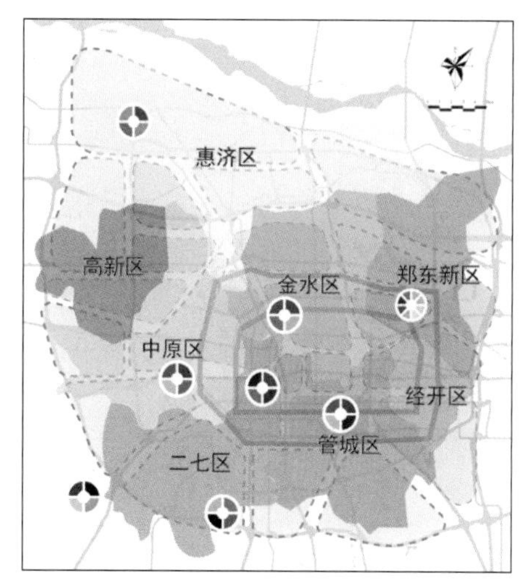

图41　郑州城市色彩分析（公共艺术1701班 苌珂依）

郑州市的主色调定位为暖灰色，建筑外立面色彩主要采用以灰色调为本的复合色，以创造稳重、大气、素雅、和谐的城市环境。从遗存的传统民居来看，大部分以中性色为主，夹杂暗红、土黄、暗绿等暖灰色。郑州在近代的城市建设围绕铁路运输、商业服务展开。城市的行政和新建居住区的色彩多为红色。城市色彩以灰色为主，兼有暗红、暗黄。新城区在开发中采用高明度、低彩度的基调，除局部使用冷色系以外，大部分以红、黄、黄绿等暖色系为主。从色彩分布上也可以看出，郑州市城市文化主要内容分为以黄河文化为主的历史文化和由城市文明建设、绿化建设带来的现代文化两个部分，对前期的文化格局做了补充，相关色彩也可以提炼到后续的具体设计中。

所以我们在分析这一部分公共艺术的现状规划时，就学到了多方面、多角度的分析思路，而不仅仅围绕着特定的公共艺术作品进行分析。有的地区可能建设起步较晚或公共艺术发展水平不高，没有丰富多样的艺术作品，但这并不意味着不能进行相关的调研分析。我们可以从一些与之密切相关的方面入手，作为侧面的补充。例如上文提到的公共文化体系规划、公园分布、色彩规划等方面，这样我们就能打开公共艺术设计的格局和视角，各方结合，相互补充，为后续的分析和设计奠定坚实的基础。

二、公共艺术的规划目标

目标导向的设计能够更好地了解用户需求和市场方向，同样，公共艺术设计也离不开设计目标的确立和把控。只有对设计对象进行宏观的把握和全面分析，了解差异化和各自特性，才能提出有针对性和适宜性的设计指导方针，有目的、有方向地逐步推进公共艺术设计实践。

在宏观考虑公共艺术设计时，我们首先需要明确公共艺术的规划目标，比如是以人的需求为主的功能性设计，还是以美育宣传为主的文化性设计。我们需要明确自己的设计想要达到的效果，思考设计在场域内发挥的作用和意义。

公共艺术设计以综合考虑公共空间为前提，统筹公共艺术的设计和资源分布，优化空间分布，有利于促进公共艺术更好地服务于公众，指导文化建设健康有序发展。同时，在时间维度上也要提出不同期限的建设目标，分期推进公共艺术设计进行，保证设计落实的科学性和有序性。

图42是无锡市阳山镇因地制宜引导规划战略。阳山镇是无锡市惠山区的桃源水乡田园片区，该同学所做的课题即为阳山镇公共艺术规划设计，在进行了前期的一系列调研和分析之后，进一步对住房、农业、道路、人文地理几个方面进行具体分析，提出因地制宜的规划策略。

2.3.1
阳山镇因地制宜引导规划战略

- 差别化引导“住”
- 村庄：控制存量，长期持有
- 安置房：保障总量，节约资源
- 普通商品房：控制增量
- 度假类住宅：控制总量，积极稳妥有序引导

- 差别化引导“田”
- 多元途径保障农民发展权益：镇级产业平台流转型、村级产业平台流转型、公司化运作型
- 个体承包型，居住进镇、农村资产保留入股型
- 差别化引导“路”
- 划定交通分区、道路线型分类、道路断面细化

- 差别化引导“人”
- 控制总规模，保持“小 镇”特色；适度引导度假型居民，增加经济活力；限定游客量，保护生态环境；注重提升本地人口的城市化和经济发展水平
- 差别化引导“村”
- 划定政策分区，进行村庄分类，制定建设引导

图42　阳山镇因地制宜引导规划战略（公共艺术1801班 杜思谊）

三、公共艺术的规划原则

在前期充分调研的基础上，公共艺术的规划原则通常从以下几个方面展开。

（1）高艺术品质的原则

艺术性是公共艺术的重要特性，可以丰富城市景观，提升城市文化水平，营造艺术环境，等等。公共艺术有助于向公众传达城市文化和美学观念，提高公众对艺术的欣赏水平。公共艺术的品质在一定程度上决定了公共艺术的作用、效果。

例如，《多伦多公共艺术战略（2020—2030）》是多伦多对未来公共艺术建设的十年规划。该战略包含3项基础支撑及21项行动举措，进一步推动了整座城市的公共艺术发展，扩大了公共艺术项目的影响力，使所有居民和游客受益。多伦多经过长期持续投资，积蓄了大量公共艺术作品，就作品数量而言是具有国际意义的。多伦多在前期实践积累的基础上扩大公共艺术的影响，以十年战略为契机，提出了以“创造力”“公众”“无处不在”三驾马车驱动公共艺术之城的设想——鼓励艺术家以创意实践带动职业前景发展，凸显社区特色，使公众皆有拥抱公共艺术的可能性。该战略将与原住居民和解，推动历史真相作为公共艺术发展的基本原则。这一原则不仅对解决公共领域中原住民文化话语性不足的问题具有根本意义，也使多伦多有能力建立其独有的公共艺术创作，表达与原住民群体深刻的文化联系，并反映出该市的独特美学。

（2）强调环境综合效益的原则

公共艺术作为城市设计的重要组成部分，在提升空间氛围方面具有不可代替的意义。公共空间的环境氛围直接影响着公共艺术的表现效果。公共艺术设计要综合考虑规模与放置地点空间的关系，两者相结合才能使作品更具合理性与协调性；公共艺术的用材、颜色等在选取方面，要以所处空间的特性为基础；公共艺术的表现形式与所在环境的特性密不可分。

（3）突出地域特色的原则

公共艺术是展示区域个性的重要方式。每个地区都有着自己独特的文化积淀和场地特色，这也造就了多元化的文化元素和文化表达。在规划建设中，突出地域特色是工作的重点，公共艺术设计离不开对在地文化的挖掘和探索。地域性也是公共艺术的一大特性，设计师和艺术家们往往会采用不同形式的载体及实施路径来实现艺术的表达，其中包含的就是对当地特色的提炼，在选题、设计特点、选材等方面也都能展现出区域特性的重点，给人留下不同的印象，实现公共艺术对城市文化的传播作用。

（4）尊重历史文脉的原则

城市文化在历史延续中得到传承，文化与城市同步发展，两者有直接联系。历史积淀是城市发展的基础。每个国家和城市都有着深厚的历史文化，优秀而灿烂的民族文化构成了世界的多样性。历史文脉是一切设计的基础和出发点，公共艺术设计当然也不例外。因此，在编制公共艺术规划时，其中一个重点要求是做到对城市文化及城市特色的合理继承和发展，只有继承了优秀的历史文化，立足当下，才能创作出不朽的艺术作品。

（5）可持续发展的原则

随着设计的不断发展，人们越来越注意到设计包含的环保理念和其发挥的作用，绿色设计、可持续设计的设计理念越来越被重视和广泛应用。而公共艺术设计要做到可持续发展，就需要在放置地点、材料选择、设计创作等环节都尽可能符合绿色环保可持续发展的特性。公共艺术规划设计不仅要考虑长远建设的可能性与可行性，也要注意设计能发挥的可持续作用，善于使用创新的材料和设计方法。

都市农业是近年来新类型公共艺术进行生态和社会修复、食物生产、美化环境和形塑公共关系的重要媒介之一。都市农业从整体论的生态理念出发，通过农业生产将复杂的生态系统纳入未来城市社群与生命共同体的概念，同时注重生态与社会的公正和永续；通过都市食物森林和食物花园（这些作为公共艺术的园艺和农耕实践成为微型环境行动）的建立，致力于建立一种新的社会和生态关系以及永续的生活方式。

生态公共艺术只是公共艺术可持续发展的一个代表性方向，我们在自己的设计中，也可以开发新的设计方法和设计材料，在设计时要考虑人类的生存环境，思考艺术可以为生态保护做出什么贡献，能为人与自然建立友好联系增添什么力量，做到设计从人出发，回归自然，实现艺术和生态的平衡互助。

（6）公众参与的原则

公共艺术规划建设需要鼓励公众充分参与其中，在规划建设过程的所有环节，公众有义务也有条件在公共艺术规划的编制中提出自己的宝贵意见。对于公众提出的意见，相关负责人有必要积极地记录并探讨。

皇冠喷泉由西班牙艺术家詹米·皮兰萨（Jaume Plensa）设计，两座相对而建的、由计算机控制的15米高的显示屏幕，交替播放着代表芝加哥的1000个市民的不同笑脸，欢迎来自世界各地的游客。每隔一段时间，屏幕中的市民口中会喷出水柱，为游客带来惊喜。借助科技的力量，皇冠喷泉展现了艺术家对城市市民生活的关注，从以往冰冷的参观对象转变成鼓励公众参与游乐的邀请函，来往人群经过时就可以看到生活在城市中的人的面貌，也可以在这里走动观察、停留嬉戏、相互交流。皇冠喷泉让广场的整个空间成为公众放松交往的场合。作为芝加哥千禧公园的标志性作品，它吸引了一批又一批的游客慕名前来。这就达到了公共艺术公众参与的原则，做到了科技性、艺术性和公众性的结合，能够有效地提升空间活力，拉近了设计师、作品、空间与观众的距离。

第四节　公共艺术的城市定位（基调与主题定位）

每一座城市由于自然地理环境千差万别，文化起源各不相同，历史文化各有特色，造就了不同的城市内涵，城市形象也因此彰显出来。总的来说，城市形象是一座城市内在历史底蕴和外在特征的综合表现，是城市总体的特征和风格。公共艺术是城市的名片，是城市故事的诉说者，反映着一座城市的特有面貌。当市民欣赏或者参与到公共艺术中，他们能看到城市的影子，能辨别出当地的文化，能被唤起独特的城市记忆，从而能对城市有更强烈的归属感和自豪感。因此在考虑公共艺术规划之前，首先需要在宏观上对城市有整体的认知和分析，结合城市自身的地理、历史特征，为其确定独特的风格基调和主题。

如今的城市也具有多样的性格和气韵，我们想起某座城市，就能想起她的面貌和气质，或温婉，或火辣，或典雅，或沉稳。我们可以一起来感受一下。

厦门温馨。厦门人无论是在建设自己的城市，还是在维护自己的城市时，态度都十分自在、自如、自然，就像是在装修和打扫自己的小家，这种从容乃至安详，无疑来自对自己城市的“家园之感”。苏州精致。苏州是一座建筑密度很高的城市，但是它的建筑物的高度可能是全国最低的，因为苏州人看重的不是高度而是精致度。除了这些城市，我们还能想象到重庆的火辣、西安的古朴、上海的包容和山东的豪爽。行走在城市间，你如果能慢慢观察和细细感受，就能体会到不同城市因为不同个性带来的各异的美。而看城市的建筑、城市的道路、城市的景观、城市的公共艺术，你同样能看到不同性格的烙印，它们因差异而多样，因此有不同的魅力和吸引力。在进行公共艺术设计的基调和主题定位时，我们需要去充分感受和吸收这些各异的美，赋予每座城市、每个地区不同的文化品格和灵魂。

第五节　公共艺术的空间布局（点线面）

有了明确的设计目标和原则作为指导之后，需要进一步做的就是对公共艺术的空间布局的设计，这需要遵循从大到小、从宏观到微观的分析思路。在宏观层面来说就是对城市空间的点线面规划。具体来说，就是分析城市的空间布局形态，可将空间划分为点状空间，以重点城市片区或公共活动中心区域作为代表，从而明确标志性公共艺术作品定位，形成精神堡垒，辐射带动周边文化艺术建设；也可将空间划分为线状空间，以重点交通道路和廊道为典型空间，反映在公共艺术设计上，形成公共艺术的发展轴线；而面状空间指的是范围比较大的片区，例如行政区或自然风景区等，典型文化氛围浓厚的面状空间就可以作为艺术作品集中的重点表现区域，进行重点设计和规划，重点研究城市公共空间分布格局。空间布局侧重对重点区域、街道、休闲娱乐场所等室外公共空间，以及交通枢纽、机场、运动场等室内公共空间统一规划，这些场所是公共空间的重要组成部分。通过在宏观上把握公共艺术布局，可以促进城市公共艺术整体性发展。

课程作业示范

郑州市城市公共艺术规划设计

在城市骨架轴线和城市规划格局中，结合了市民文化中心和片区分布的特点，以文化作为牵引，设计了公共艺术分布的不同地理位置和密集程度，形成以中心主轴向外多方辐射、片区连串和散点分布的规划格局，最后归纳为“一主轴、三环、九副轴、多区多点”的点线面格局，覆盖了城市的大部分片区，形成文化辐射的综合效应（见图43）。

图44为无锡市惠山区凤翔路及周边地区的公共艺术规划结构图示。从图中可以看出，当前片区以“吴文化、运河文化和西漳文化”作为主要节点，构成了公共艺术主要文化线，向外延伸出的城市公共艺术景观轴与锡北运河沿岸景观带相交，同时在主轴附近设立了不同的城市公共艺术街区，形成了公共艺术发展网络。

课程作业中展示的规划格局只是作为理解内容的参考，并不能代表所有的城市和城区。我们在自己的设计中，需要结合眼下的空间特性和文化倾向，将自然地理环境与居民活动范围和特点相结合，归纳分析出独特的公共艺术点线面规划格局。需要强调的是，在范围上，本节的内容偏向于宏观的分析，在空间上可纳入更多、更广的空间范围，通过明确城市或更大区域内的公共艺术发展节点、片区和轴线来构成完整的公共艺术空间布局。

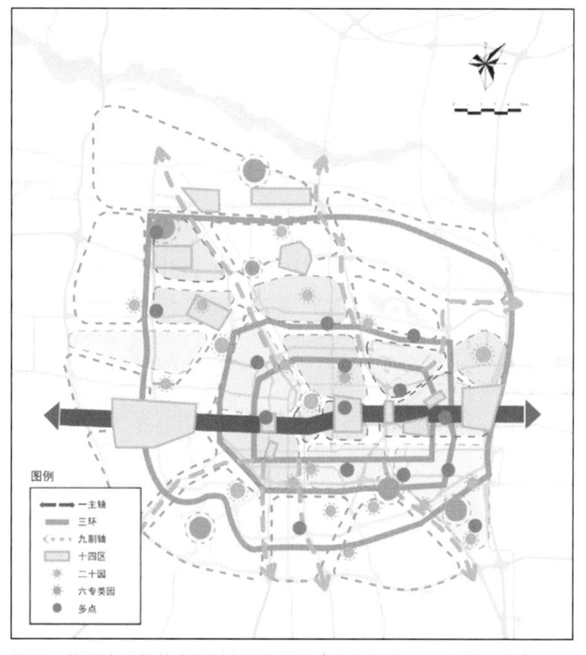

图43 郑州市公共艺术规划空间布局图（公共艺术1701班 苌珂依）

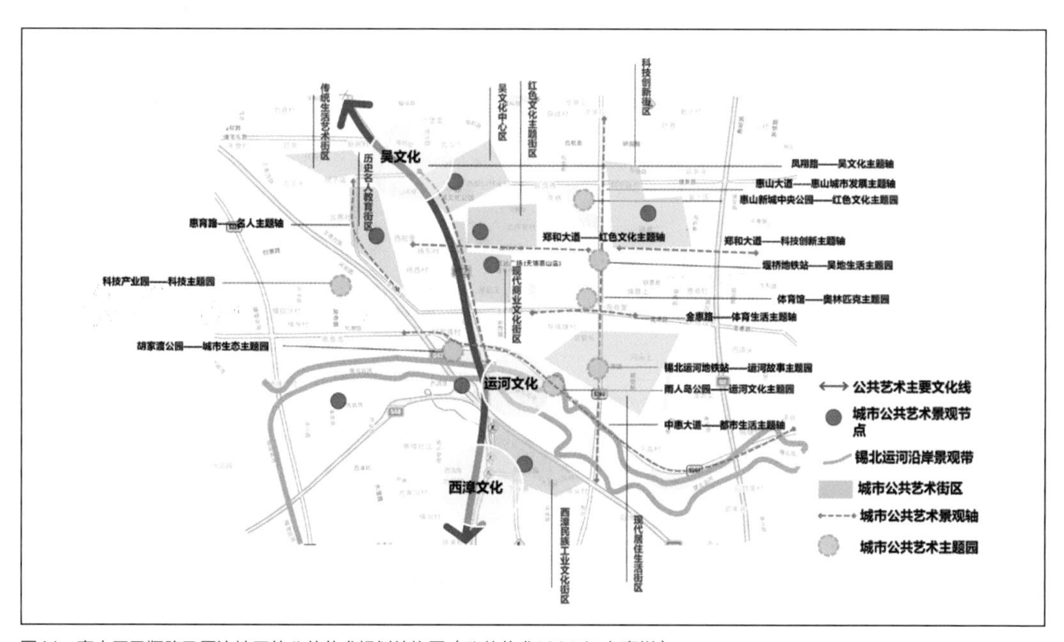

图44 惠山区凤翔路及周边地区的公共艺术规划结构图（公共艺术1801班 左嘉祺）

第六节　公共艺术的核心主题（一级主题）

确定了公共艺术的规划格局后，我们就可以进一步分析、总结出公共艺术的核心主题，其中就包含了对城市物质要素和非物质要素文化的分析。在这一节中，我们通过理论引导和案例分析来逐步学习如何从城市自然地理、历史文化和居民生活出发，一步步确定出公共艺术的核心主题。我们需要从城市的定位、历史传统、现实状况和未来发展出发，提出城市公共艺术设置的重点题材，体现城市独特的人文历史和自然文化价值，呈现出具有特色的、独属于某一城市或片区的公共艺术主题。

从实际操作层面来讲，确立公共艺术的核心主题要求对公共艺术的重点题材进行合理把握与选择，即优先综合考虑城市性质、历史传统、发展现状、后期发展方向等条件，选择出能够展示城市个性的相关题材。将城市文化分为历史、现代和人文等不同类别，整体把握城市艺术风格方向，确立3～5个具有代表性的城市公共艺术核心主题。以下案例分析可以帮助我们更好地理解如何从历史和现实出发，逐步完成核心主题的归纳。

图45展示的是郑州市城市公共艺术规划基调特征及核心主题内容。我们在开始分析时，可以从城市的经济、政治、文化等方面入手。以郑州市为例，郑州市作为河南省的省会城市，是河南省的政治、经济、文化中心，是全国重要交通枢纽和商贸城市，也是中原文化的展示窗口。

从自然地理位置和环境来看，郑州在中国内陆中心之地，地处华北平原南部、黄河下游，居河南省中部偏北，东接开封，西依洛阳。黄河之水千年在此流淌，温和适宜的气候和丰富的自然资源给了郑州得天独厚的条件，造就了郑州“绿城”的美誉。

从历史文化来看，郑州是中国八大古都之一，是文明起源之地，历史积淀深厚。悠久的历史文化培养了古老、灿烂的文明，这份古朴的积淀融入郑州的城市文化品格中，根源文化也就成了郑州市城市公共艺术表现的重要内容。

从现代建设来看，郑州被定位为全国交通枢纽城市和重要商贸之城，是全国城市往来的交汇之处，承接北上和南下的众多人流。从铁路建设开始，城市面貌就发生了巨大的改变。在城市发展过程中，经济的不断增长给郑州注入了新的活力，富有特色的城市建筑建设也日渐彰显出郑州的

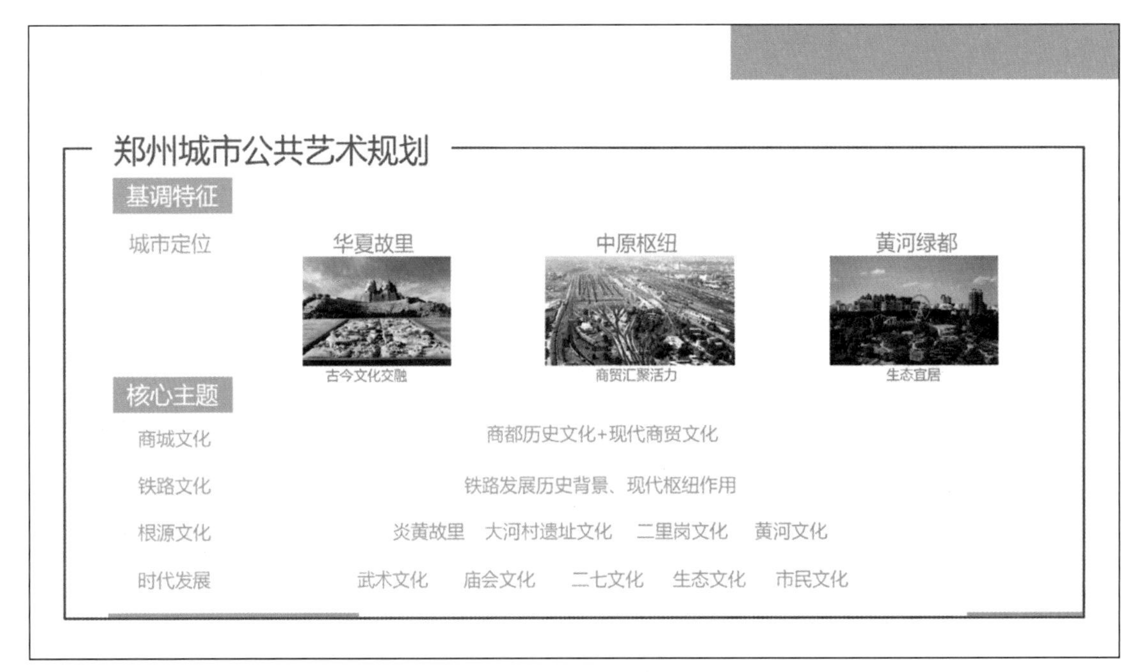

图45　郑州市城市公共艺术规划基调特征及核心主题（公共艺术1701班 苌珂依）

都市形象和发展成果，铁路文化成为郑州的城市文化在时代发展中的新内容。

从人文氛围来看，不同城市的文化传承能够影响居民的价值判断和休闲方式，郑州悠久的历史、优越的区位和丰富的资源培养出独特的人文传统和文化语境。由于受到周边环境的影响，同为古都的洛阳、开封为郑州提供了更加丰富的文化资源，黄河风景游览区和嵩山风景名胜区又带来山地、乡村的休闲文化。在公共活动上，郑州有常年举办的炎黄文化旅游节、中国郑州国际少林武术节、祭祖庙会等，参与度高、体验性强的活动丰富了市民生活的同时，也激发了城市多元、包容的性格，成为城市公共艺术表现的重要依托。

郑州城市个性的建立依托于城市历史文化的积淀和现代人文的发展。通过分析来看，郑州城市性格的特点表现为古朴深沉、中庸温和、多元包容。最终，郑州市公共艺术的核心主题可以概括为商城文化、铁路文化、根源文化和时代发展的融合。

课题3

选取一座城市，对其进行系统的公共艺术设计的宏观规划，掌握公共艺术设计宏观的思路与方法。

要求：

1. 了解所在城市的规划布局，在此基础上确定公共艺术与之相适应的规划目标和原则。
2. 确定所在城市公共艺术的定位、空间布局及核心主题。

难点：

合理的公共艺术空间布局建立在所属城市的规划布局基础上，而公共艺术的核心主题则建立在公共艺术的空间布局结构上，三者的关系是环环相扣、相互依存的。

第五章

CHAPTER 5

公共艺术设计的思路方法

第一节　公共艺术设计的前期调研

结合第四章中公共艺术的核心主题，在这个阶段，我们可以进行进一步的推演，对核心主题分级分析，在大的内容不变的前提下，推导出更为细致和具体的次级主题。

在设计表现上，我们可以采用主题逐级分层的思路，具体来说，就是将城市公共艺术主题分成一级、二级、三级。一级主题即核心主题，是基于城市整体定位在不同方面的延伸；二级主题可以是核心主题下的具体内容分类，如一级主题历史文化下的二级主题可以是自然文化和传统习俗等；三级主题则是二级主题的进一步延展。我们可以将这些主题进行编号，对应到不同的分区，依照之前总结的城市公共艺术的规划结构进行系统整理和分析。需要注意，在这一部分，各区之间的主题可交叉，我们可以根据不同主题的内容和现实情况，在前期调研的基础上，将这些主题有选择地进行归纳和延伸。在具体公共艺术设计中，我们需要用这种编码制表的方法进行整体把握，同时还需要根据各分区的特性和现状进行适当的调整与迭代。

以下表是这种方法应用的具体案例，我们可以对照前文的内容来理解一下。表内容是有关于郑州市城市公共艺术的主题划分。结合上文可知，该同学（见表1）把郑州市公共艺术设计的核心主题确立为商城文化、铁路文化、根源文化和时代发展四大一级文化主题，而在四大一级文化主题之下，又结合不同文化内容和分支，逐步确立了二级文化主题和三级文化主题。

从表中可以看出，作者将一级文化主题、二级文化主题和三级文化主题进行了编号和整理，在一级文化主题商城文化中延伸出商都文化和现代商贸文化的内容；将铁路文化按照历史发展轴线划分为铁路文化起源、铁路发展历史和交通枢纽定位；从根源文化出发，又挖掘出炎黄文化、黄河文化、大河村遗址文化和二里岗文化的内容；时代发展的主题又进一步细分为历史人物、历史文化、历史成就、城市发展、民族文化和现代生活等内容。三级文化主题则又是对上一级文化主题的细化和拓展。这样的思路和呈现方式清晰、明确，在我们思考自己的公共艺术设计的艺术主题时，同样可以采用这样的分析思路，可以从历史出发，回归现代文明，进行横向比较和纵向历史追踪，多视角、多领域地去探索不同的文化主题。

在这个思路下进行的分级主题划分，包含了对城市的物质要素和非物质要素的有效归纳，有利于我们更系统地把握整座城市的文化和生活。编号制作成表格的方法十分实用和高效。在我们进行公共艺术设计的艺术主题分析中，学习和掌握这种方法是很有必要的。

表1　公共艺术设计的艺术主题（郑州市城市公共艺术的主题划分）

序号	一级文化主题	二级文化主题	三级文化主题
A	商城文化	1. 商都文化	1. 商都遗址文化
			2. 商代文物文化
		2. 现代商贸文化	1. 商业与人
			2. 商业发展
B	铁路文化	1. 铁路文化起源	
		2. 铁路发展历史	
		3. 交通枢纽定位	
C	根源文化	1. 炎黄文化	1. 拜祖文化
			2. 庙会活动
		2. 黄河文化	1. 黄河
			2. 黄土
			3. 黄土高原

表1　公共艺术设计的艺术主题（郑州市城市公共艺术的主题划分）（续）

序号	一级文化主题	二级文化主题	三级文化主题
C	根源文化	3. 大河村遗址文化	1. 仰韶文化
			2. 彩陶文化
			3. 龙山文化
		4. 二里岗文化	1. 二里头夏文化
			2. 殷墟晚商文化
D	时代发展	1. 历史人物	1. 历史英雄人物
			2. 古代文化名人
		2. 历史文化	1. 郑州城市起源
			2. 历代都朝
			3. 京汉铁路修建
			4. 二七文化
			5. 城市发展历程
			6. 城市老街
		3. 历史成就	1. 工业成就
			2. 艺术成就
			3. 文学成就
			4. 体育成就
			5. 科技成就
			6. 商贸成就
		4. 城市发展	1. 国棉厂
			2. 百年德化街
			3. 标志建筑
		5. 民族文化	1. 回族文化
		6. 现代生活	1. 武术文化
			2. 戏曲文化
			3. 地铁文化
			4. 饮食文化
			5. 城市生活
			6. 城市标识
			7. 高校文化
			8. 城市生态

（公共艺术1701班 苌珂依）

第二节　公共艺术设计的空间布局

公共艺术的空间布局是指在整座城市的宏观概念下，根据城市肌理，以合适的形态发展公共艺术设计，这不仅能起到该片区整体提升的作用，还能辐射带动周边地区的整体发展。对城市进行宏观的公共艺术布局，目的是通过公共艺术介入城市空间，推动城市的整体发展。

区别于整座城市的公共艺术空间布局，本节公共艺术设计的空间布局即在“公共艺术设计”的阶段，进行设计范围的空间布局。可以理解为，我们要在拿到手的设计范围中排兵布阵。此次布局将直接影响到设计范围内分区的具体呈现。这一层面的空间布局同样也能从点线面的角度着手分析。

面的层面：在设计范围内区分哪些是要做重点亮点设计的区域，哪些是需要做功能性提升改造的区域，哪些是仅需要根据整体设计做微更新与改造的区域。

那么，如何在该区域内判断何处为着重设计区？我们可以从以下几个角度综合考虑。第一，从场地特性来看：比如某处为历史古迹名人故居，某处风景为最佳赏景点，某处冬暖夏凉、挡雨避风是适宜人长久停留的地方等。第二，从人的角度出发：当地人习惯停留聚集的区域、经常通过的通道、认知地图中重点记忆的位置等。第三，从场地的功能出发：某地为该区域的重要通道，某地为某些人群的习惯活动点等。综合以上标准，我们基本可以判断出需要着重设计的范围。

线的层面：在空间布局中的线可以从物理空间特性与居民行为习惯两方面进行考虑。

物理空间较为直观，在凯文·林奇五要素中，道路、边界都是非常明确的线性空间，这是场地本身的特性，仅仅考虑场地本身是不全面的，我们同样要参考当地居民的行为习惯，观察空间中是否有“不存在的”线性空间。居民行为习惯是根据问卷调查法、动线观察法等对人的观察调研得出的。公共艺术是为公众而设计的，在物理空间的线与“人打造的线”之间，后者的特性是我们在空间布局中更应该参考的线性空间。

点的层面：关于重要节点，我们可以从现有节点与预规划设计节点两方面考虑（见图1）。现有节点即设计范围内现存的典型节点，例如主要道路交叉口、场地内现存的雕塑、客流量大的公交车站、社区内的垃圾集中点等，这些是当地人认知程度较高、经常经过或使用的点状空间。

所谓预规划设计的节点，即我们通过调研，对场地使用规律进行分析，判断出某地可以打造为新的重要节点。例如在社区中，居民经常停留休息聊天的位置，可以打造为信息公告类节点，以信息承载为目的设计公告栏、互动角等节点。

一般来说，在明确了面与线的空间布局后，主要进行设计的节点可以顺理成章地推导得出。

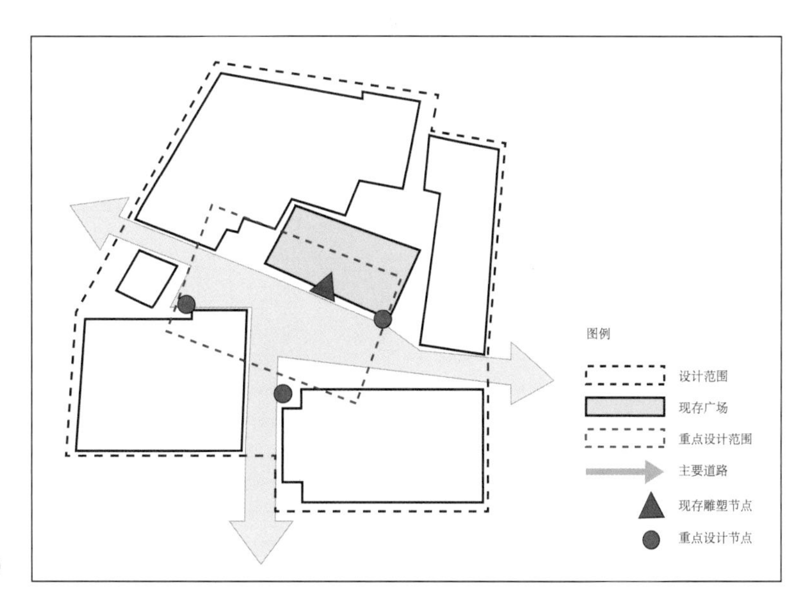

图1　空间布局示意图（自绘）
（现有节点与预规划设计节点分布示意图）

第三节 公共艺术设计的形式载体

在上一节中，我们已经明确了公共艺术设计的空间布局，那么接下来我们要做的就是在此基础上进行进一步的载体控制。这里的公共艺术设计的形式载体主要指的是在整体设计中，我们预计会采用的公共艺术设计类型，对应前文，我们提到的传统公共艺术类型和新类型公共艺术，有雕塑、壁画、设施、艺术活动等多种形式。然而形式载体的规划也不是一蹴而就的，我们需要考虑当地的艺术主题、环境因素、受众偏好等。什么样的题材适合用什么样的材料和工艺来呈现，当地有没有特色材料可以采用，材料和场地的适配度如何，材料是可持续的吗……这些问题都需要一一加以考虑。

在这一步，我们可以采用列表的方法，在广泛调研和收集信息之后，归纳出公共艺术设计的类型、材料、加工工艺、尺度、色彩等几个类别，将不同类型的公共艺术对应到不同的片区，制作成公共艺术设计的形式载体规划表格。我们也可以收集相关的意象图来进行说明和表达，便于快速理解。

第四节 核心区公共艺术设计思路

在学习了如何分析公共艺术设计的核心主题、空间布局与形式载体后，我们就逐渐有了清晰明确的设计思路：在规划区域时，设计思路的方法是从艺术主题的确定到空间布局的划分，最后落实到形式载体的表现。核心区作为设计范围中的一个明确区域，设计思路同样沿用这种方法。

在上一节空间布局中面的层面部分，我们已经在设计范围内将着重设计区域与一般区域做出区分，需要着重设计的区域即为核心区，也就是通过设计打造的亮点区域。接下来进入核心区公共艺术设计思路。

依据判断某个范围为核心区的标准，我们可将核心区分为以下几个类别。第一，根据区域特性着重设计的区域。例如在常州青果巷案例中，通过认知地图法得出，名人故居历史遗迹的区域是最被当地居民熟知的，也是青果巷文化内核所在区域。第二，功能型区域。我们在调研中发现，某一区域对当地居民来说有强烈的使用功能，例如儿童习惯娱乐区域、居民自发耕种区域或居民习惯聚集休憩区域。第三，精神堡垒区域。当设计范围是未进行规划的全新场地或使用功能不太明确的空地，我们可以根据宏观的文化主题进行精神堡垒的打造，例如在大学城或科技城范围内的核心区打造，就可以以教育或科技主题重点设计，将该区域打造成整个涉及范围内的地标。第四，问题解决型区域。顾名思义，在调研层面，该区域位置重要且存在明确的实用功能问题，例如老人习惯晒太阳的区域欠缺休息设施等。空间的设施无法满足居民习惯的使用功能，是在规划设计中需要解决的问题。

我们对核心区的设计要立足于区域现状，做到因地制宜、有的放矢。同时，在区域中，我们依旧要遵循由整体到局部、由宏观到微观的分析方法，不同类别的核心区有不同的设计思路（见图2）。

根据公共艺术发展与新类型公共艺术思路的打开，在进行核心区公共艺术设计时不妨考虑新媒介艺术类型，通过声光电的技术手段，用互动的方式综合调动人的五感，呈现出与其他区域全然不同的场地氛围，打造整个设计区域的亮点。

总结来说，在进行核心区的公共艺术设计时，我们首先需要确定核心区的具体范围，随后在核心区层面展开分析，同样是从艺术主题的分析到空间布局的安排，最后是形式载体的分析。艺术主题包含物质层面、文化层面和精神层面，形式载体则分为功能性和非功能性两种性质，最后将艺术主题和形式载体进行一一对应。核心区是整个设计区域中最需要花时间打造的区域，设计者要保证该区域呈现的效果是功能合理、主题明确、有吸引力的。

类别	设计思路	形式载体
根据区域特性着重设计	突出放大该区域的特性，强化区域的文化主题	符合核心文化主题的综合载体
功能型	该场地以功能性为主，顺应当地居民对该场地的使用习惯，为人设计	功能性设施、互动装置
精神堡垒	抓住整个设计范围的文化主题，按照区域类型放置体量较大的永久性公共艺术作品	大型永久性主题雕塑、壁画
问题解决型	以解决存在的问题为主要要求，用公共艺术的手法将问题转化为区域的设计亮点	功能性设施

图2 不同类型核心区设计思路与一般形式载体（自绘）

课题1

在第四章公共艺术设计的宏观规划基础上，进一步对所选城市设计范围内的区域进行中观层面的公共艺术设计。

要求：

1. 在城市公共艺术总的主题分类下，进一步对不同层级的主题进行细化和具体分类。
2. 在城市公共艺术总的空间布局基础上，针对所研究的重点或核心区域进行具体的公共艺术空间布局，设计公共艺术形式载体及核心区的公共艺术设计思路。

难点：

学习时要注意观察与理解。第五章的关键词与第四章的虽看似重合但存在区别。其区别在于第四章更侧重宏观的、更大范围的研究，而第五章则是在第四章的研究范围里，选取一部分区域进行更加具体的、中观层面的研究。这两章的研究方法与设计思路是一样的。

课程作业示范：

1. 城市公共艺术主题规划课程作业示范（见表2）

表2 无锡公共艺术主题规划

4 规划内容

编号	一级主题	编号	二级主题	编号	三级主题	备注
A	江南文化	1	吴文化	1	祠堂文化	
				2	表演艺术文化	吴歌、凤羽龙、玉祁龙舞、凤舞
				3	传统手工文化	惠山泥人、桃木雕刻、无锡剪纸
				4	民俗文化	惠山庙会、吴地三百六十行、泰伯庙会
		2	运河文化	1	运河故事	
				2	运河遗存	洛社八景
		3	茶文化	1	惠山茶会	
B	红色文化	1	红色宣传语	1	社会主义核心价值观	
				2	爱国标语	
				3	爱党标语	
		2	红色人物	1	革命、民族英雄	
				2	科研、文化名人	
		3	红色事迹	1	名人、英雄事迹	
				2	生活榜样事迹	
C	时代发展	1	历史人物	1	历史英雄人物	
				2	城市文化人物	
				3	西洋之名人物	
		2	历史文化	1	惠山起源	
				2	城市发展历程	
				3	历史街名、地名	
		3	民族工业文化	1	蚕桑文化	
				2	酒文化	
				3	茂新面粉厂（荣德生、荣宗敬兄弟）	
				4	无锡一棉纺织厂	
		4	城市发展	1	一包三改	
		5	现代生活	1	地铁文化	
				2	商业文化	
				3	城市生活	
				4	城市标识	
				5	城市生态	
				6	城市畅想	

（公共艺术1801班 左嘉祺）

2. 城市公共艺术设计思路课程作业示范（见图3、表3～表5）

以下是一些相关案例，我们可以观察其中使用到的设计方法和思路，以便更好地学习这部分内容。该案例的设计范围为无锡市惠山区凤翔路街道及其周边地区。该同学的分析思路对应了从宏观到微观的分析方法，即从无锡市到惠山区再到凤翔路周边地区进行调研分析，内容翔实，视角多样，为后续公共艺术设计的形式载体分类做出了详尽的背景分析，能更快、更全面地归纳出重点区域的公共艺术形式载体规划。

无锡是一座具有三千多年历史的文化古城，是中国吴文化的重要发源地之一，也是江南文明的发源地之一，有众多全国重点文物保护单位和名胜古迹景点，产生了很多著名历史人物。而惠山区位于无锡市西北部，地处江苏南部、长江三角洲腹地，东连苏州市，南临太湖，西接武进区，北邻江阴市，位于苏锡常中心地区。从经济上来看，惠山区是先进制造业的基地，惠山区民营经济活跃，是中国企业密集度最高的地区之一。从交通上来看，惠山区交通便利，京杭运河、312国道、沪宁高速公路、京沪铁路、锡澄高速公路贯穿全境，境外数公里的硕放设有无锡机场。同样，惠山区也有着悠久的历史，旅游资源丰富。惠山区的前身为闻名遐迩的“华夏第一县”——江苏省无锡县，是著名的中国古代吴文化发源地。堰桥街道位于无锡市北郊、惠山区东部，东邻长安街道，南接梁溪区黄巷街道，西以锡澄运河与前洲街道、洛社镇分界，北至江阴市徐霞客镇、青阳镇。堰桥街道是以“一包三改”闻名全国的改革之乡，是江苏省百强乡镇之一。全国青少年爱国主义教育基地——吴文化公园、无锡市文物保护单位——陆定一祖居坐落在境内，文化底蕴深厚。惠山区凤翔路周边的城市核心圈主要为万达商圈，辐射2公里左右，次核心圈主要分布在地铁站附近，如正大乐城（旧商业区）和万达广场周边居民居住区。

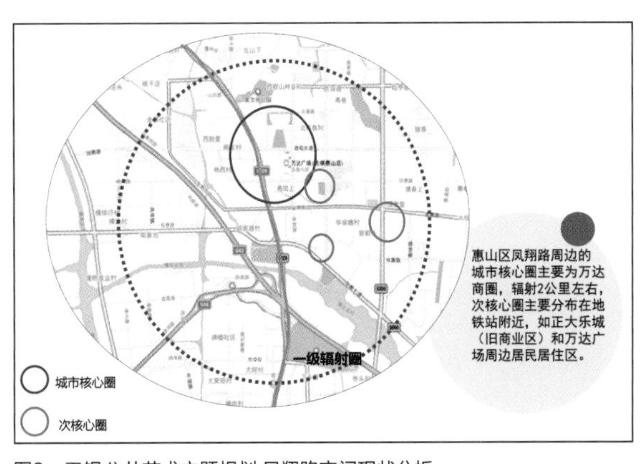

图3　无锡公共艺术主题规划 凤翔路空间现状分析（公共艺术1801班 左嘉祺）

经过了前期充分的调研和分析后，这次公共艺术设计以江南文化、红色文化及时代发展三大主题为主，以打造社区特色文化为辅，对凤翔路及周边进行公共艺术主题规划。接下来就是进一步的公共艺术形式载体归纳。

表3　凤翔路周边公共艺术街区及主题定位一览表

名称	主题	所在位置	措施或表现手法
吴文化中心区	江南、红色	吴文化公园片区	整治，增加公共艺术活动，新技术介入吴文化公共艺术
红色文化主题街区	红色	行政办公区	设施艺术化处理，增加小品雕塑
历史名人教育街区	时代、红色	学校教育区	增加小品雕塑，增加公共艺术活动
现代商业文化街区	时代	商业区	增加互动性强公共艺术，科技介入
科技创新街区	时代	惠山生命科技产业园	增加标志性雕塑，小品
现代居住生活街区	江南、时代	居民生活区	增加公共艺术活动，设施艺术化处理，增加小品雕塑
西漳民族工业文化街区	江南、红色	西漳公园片区	整治，增加小品雕塑及系统介绍
传统生活艺术街区	江南	堰新路传统居民生活区	整治建筑立面

（公共艺术1801班 左嘉祺）

表4　凤翔路周边公共艺术作品一览表1

重点区域	作品形式	材料色彩	体量尺度	效果参考图
时代广场	在广场空间，交通节点增设雕塑	以材料为石，金属等复合材料 红色为主要色调，并加入一些小范围活跃性色彩	体量大，标志性雕塑	
万达广场	融入新媒体等交互形式，以互动装置为主，可配合建筑立面改造	材料不限，色彩可选择缤纷商业世界或未来设计感配色	体量中等，能与人互动	
市民广场	以在广场上增设艺术化公共设施和雕塑为主	材料运用金属、石材等承重较好的复合材料 红色为主要色调，并加入少量白灰点缀	体量中等	
西漳公园区	在重要节点处增设雕塑和互动装置	材料运用青铜金属铸造为主，可加入适量其他复合材料 色彩主要为青铜的材质色	体量中等，较小分布较多	
传统生活区	改造在建筑立面，增设壁画等表现传统生活文化，适量加入小型雕塑	材料主要为颜料等墙壁涂料，色彩不宜过于鲜艳，体现江南淡雅风格	壁画体量较大，与墙面融合 雕塑体量较小，与街道映衬	
科技创新区	加入互动性装饰，建筑立面改造	材料表现形式不限，色彩以冷色调为主，表现未来科技感	体量较大，展现未来科技震撼感	

（公共艺术1801班 左嘉祺）

表5　凤翔路周边公共艺术作品一览表2

重点区域	作品形式	材料色彩	体量尺度	效果参考图
教育区	在道路节点增设雕塑作品和艺术教育标牌	材料不限，色彩可表现稍微艳丽一点，吸引学生注意	体量较小，方便学生欣赏浏览	
惠山新城公园	在公园增设艺术化红色雕塑设施和标语	材料不限，色彩以红色基调为主	体量中等，能与人互动	
胡家渡公园	在公园增设生态化小品，景观设施	材料运用石材、金属等耐腐蚀材料，色彩运用木色等与大自然融合	体量中等，较小	
鱼人岛公园	在公园增设运河文化，介绍艺术雕塑	材料运用青铜金属铸造为主，可加入适量其他复合材料，色彩主要为青铜的材质色	体量中等，较小分布较多	
吴文化公园	融入新媒体等交互形式，增设小品、互动雕塑，举办公共意识展览	材料不限，色彩可结合江南文化和惠山泥人色彩体系	体量中等	
居民住宅区	增设小品、公共设施雕塑，公共艺术设施	材料不限，出于行人和交通驾驶者安全考虑，色彩避免过于艳丽。	体量中等	

（公共艺术1801班 左嘉祺）

从图表中我们可以看出，作者首先明确了设计范围，将其按照道路、区域、节点等进行划分，结合了不同的艺术主题，分别为江南文化主题、红色文化主题和时代发展主题，然后在每一区域下，对作品形式、材料色彩、体量尺度和效果参考图进行了相关分析。这样制成的图表清晰明了，使公共艺术设计的形式载体一目了然，有利于设计思想的表达和传播。

其他艺术主题、结构规划、空间布局作业案例展示（见图4～图6）

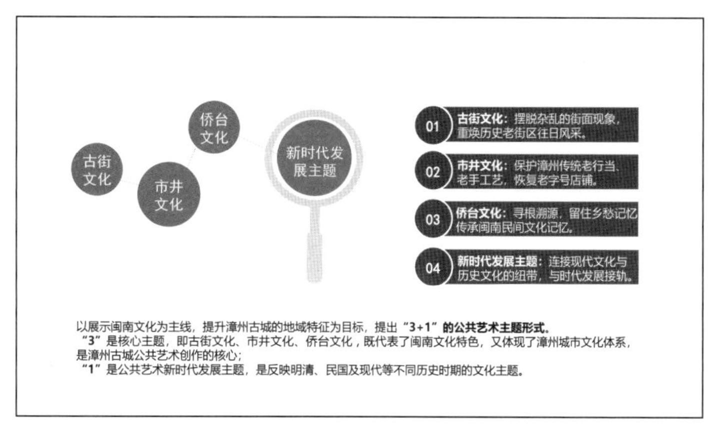

图4　漳州古城公共艺术主题定位（公共艺术1902班　王辰宇）

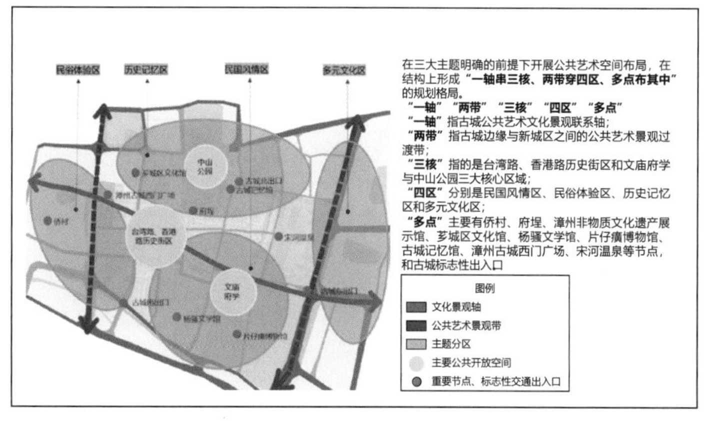

图5　漳州古城公共艺术规划结构（公共艺术1902班　王辰宇）

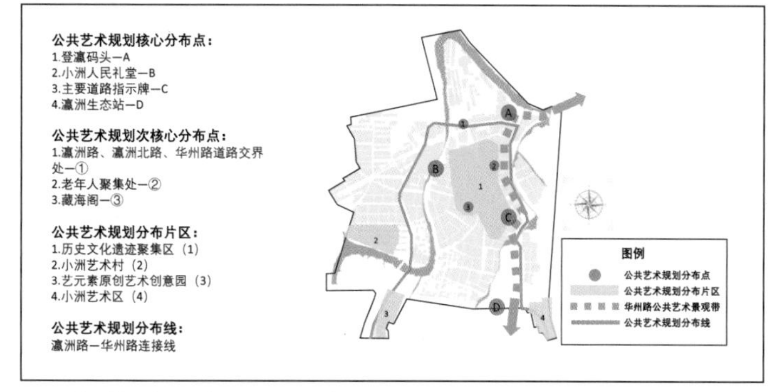

图6　小洲村重点公共艺术空间布局（公共艺术1902班　曹琳）

第五节　公共艺术设计的具体方案

至此，我们已经完成了将设计范围作为整体的分析，接下来，我们将视角集中于设计范围内部，关注每一个细节节点的呈现，这可以理解为进入了公共艺术设计的微观层面。

艺术主题：每个作品表达什么？

通过之前对艺术主题调研的梳理，我们已经将艺术主题划分为一级主题、二级主题、三级主题。这三个主题是包含关系。二级主题与三级主题分别是一级主题与二级主题的细分。在微观层面的设计上，作品设计要落实到区域中不同的节点，在进行艺术创造时，主题不能是宽泛、笼统的，那么，在艺术作品的呈现上，我们可以根据三级主题确定特定节点某一作品的主题。例如在以冬季奥运会为艺术主题的设计区域进行设计的主题层级关系表现时（见表6），每个节点作品的主题可以从三级主题的范围中选择最有代表性的主题进行设计表达，呈现出“冬奥编年主题浮雕墙”“花样滑冰主题雕塑”“志愿者群像”等主题细致的艺术作品。

微观层面的空间布局，即根据设计区域的场地特点放置最合适的作品，可以从两个角度着手考虑。

（1）对于范围较大、五要素相对齐全的区域，我们可以根据设计场地的五要素特性判断某地最适合放置的作品体量与类型（见图7）。

五要素的判断标准只是作为参考，在设计的微观层面上还应该注重空间的使用功能。

（2）根据前期推导出场地的功能分区：何处更加注重精神的集中表达，何处更加注重当地居民的使用体验（不同类型的居民使用需求也有所不同，例如儿童友好型区域设计、适老化区域设计等）。在设计范围内，结合前期对居民生活习惯与需求、场地特性等分析，我们可以得出哪些地方适合放置着重表达主题含义的雕塑，哪些地方居民活动活跃区适合放置功能性城市家具，哪些地方人流量较少只需要配合主题进行微更新、微改造等。

表现形式：每个作品怎么做？

表现形式与空间布局相关，空间尺度与功能直接影响作品的类型、尺度。同时，主题也会影响作品的材质、颜色等。

通过调研发现，当地居民活动场域有活力缺失的特点，确定以“多彩活力居民生活”为主题，材质上选择使用塑胶、铝材、塑料等打造活力场地，色彩上选择饱和度高的颜色以打造活力氛围；通过调研了解社区居民在社区绿地种植蔬菜的现状，确定“绿色、人与自然的和谐、可持

表6　微观层面艺术主题选择图示（以冬季奥会为例的主题层级关系表现）

一级主题	二级主题	三级主题
冬季奥运会	奥林匹克精神、志愿者精神	相互理解
		友谊
		团结
		公平竞争
		坚守奉献
		……
	冬奥会历史	冬奥编年纪
		历史上的精彩瞬间
		……
	冰雪运动项目	花样滑冰
		冰壶
		高山滑雪
		……

（自绘）

续”的主题，在材质上选择环保、自然、可持续的材料，例如木材、混凝土等，打造质朴的风格，色彩上则选择贴近自然的颜色，如绿色、白色、棕色等；通过调研了解社区居民的文化诉求，确定以山水文化作为主题区域，在设计时，视觉效果应淡雅、贴近自然，材质上可以使用天然石材等。

课后思考

设计思路的微观层面需要将视角聚焦在规划成果的具体呈现上——在何处放置怎样的公共艺术作品以起到怎样的效果，是发挥设计师、规划师意志的主要部分。前面的学习详细地介绍了规划设计的思路、分析的角度、介入的手法等，在进行上述步骤时，能够为微观层面的设计提供灵感。在确定具体某处呈现怎样的作品后，我们需要浏览大量的案例作为参考。一个方案从想法诞生到落地呈现，需要与各参与方多次汇报、交流，通常在第一轮方案交流时，我们会通过意象图的方式呈现微观层面设计内容（见图8、图9）。这种意向图包含设计点位、现状功能、设计定位与目的、意象参考。这样做能够向参与项目的各方解释清楚具体节点的设计呈现效果，再与各参与方交流，根据项目预算、工程难度、公众意象等要求进行详细设计，并制作公共艺术设计思路总结（见表7）。

场域类型	特点	适合放置的作品类型
标志物	突出的地理符号，无法进入	永久性的雕塑
节点	留下较为深刻印象的点状空间，允许进入	雕塑、艺术装置
区域	较大的面域	成组的小品、同一主题的设施、城市家具、艺术活动
边界	区域之间的划分界限，具有连续性	浮雕、壁画墙绘、立面艺术装置、有空间顺序的艺术活动
道路	线性通道，有一定方向感和连续性、实用性	交通设施、信息设施

图7　根据五要素判断作品类型（自绘）

园区	1-香梅园	2-月季园	3-杜鹃园	4-朴园	5-玉兰园	6-香草园	7-菖蒲园
空间功能	公交车站	街角广场	休憩草地	儿童活动区	特色步道	疏林草地	滨水长廊
设计定位	等车休憩	通行、休憩	散步、通行、休憩	儿童、亲子活动	通行	休憩	休憩、观赏
设计规划	文化特色的组合式城市家具	景观小品	文化特色城市家具，景观小品	儿童游乐设施	特色铺装	艺术座椅	休憩廊架
设计意向							

图8　无锡市凤翔路公共艺术提升设计园区主设计意向图（公共艺术1701班 张筱晴）

类别	现状		设计目的	效果参考	
休息座椅		数量少、形式简单	提供给居民一个可以休息、分享、交流、欣赏的空间		左：广场可拼组座椅 右：社区花园可种植座椅
娱乐设施		健身器材欠缺维护	小孩和成人共同的玩耍区域，要求安全、形式新颖		铺地改装及简单的游戏设施
垃圾桶		未设置垃圾分类、不够干净美观	满足使用功能以外，外观有设计感		聚集垃圾桶可加盖子，单独的小垃圾桶可以增加设计感
路灯		数量少，能起到照明作用，但外形普通	外观有设计感，使用太阳能等绿色能源供电		巴黎环保灯 Mathieu Lehanneur
灌溉设施	欠缺	灌溉时需要居民自备水管	服务于社区景观打造，便于灌溉		除增设出水以外，可以引管道喷灌，相较于漫灌更节水

图9　山东省淄博市惠泽苑社区功能性设施意向图（公共艺术1701班 张筱晴）

表7　公共艺术设计思路总结

公共艺术设计思路	空间	不同层面	
宏观设计思路（总体上的定位与形象、色彩控制）	城市	现状分析	现存规划分析、城市空间分析、标志物分析、管理维护分析等
		设计目标	长期目标、短期目标和不同阶段目标
		设计原则	高质量原则、地域性原则、环境协调原则、公众参与原则、可持续原则
		城市定位	基调与主题
		规划格局	点线面布局
		核心主题	一级主题、二级主题、三级主题
中观设计思路（设计策略和片区规划）	片区和核心区域	区域范围	公共艺术规划片区范围
		现状分析	公共艺术规划片区范围
		规划布局	公共艺术设计布局结构
		艺术主题	片区文化主题
		形式载体	根据主题、规模、位置、区域类型明确设计范围的公共艺术分布密度与具体形式表现
微观设计思路（具体形式载体控制）	具体实施区域	场域类型	标志物、节点、区域、边界、道路
		场域特点	不同场域类型的不同空间特质
		作品类型	设施类、雕塑类、景观小品类，临时性和长久性
		作品规模	具体分析
		作品材质	作品组成材料：金属、木材、塑料、橡胶等
		作品色彩	作品主要构成色彩、色系、颜色偏向和色彩风格

（自绘）

第六节　公共艺术设计的课程案例

课程作业案例：无锡市惠山区凤翔路段公共艺术规划

作业来自江南大学公共艺术1801班左嘉祺同学。

项目概况：

第一部分：前期调研（见图10～图12）。

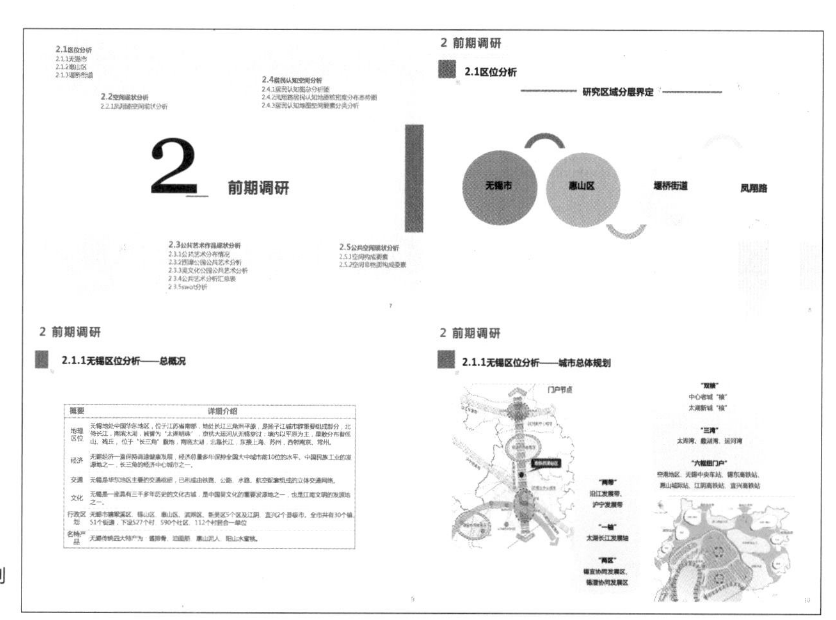

图10　无锡市惠山区凤翔路段公共艺术规划（前期调研）

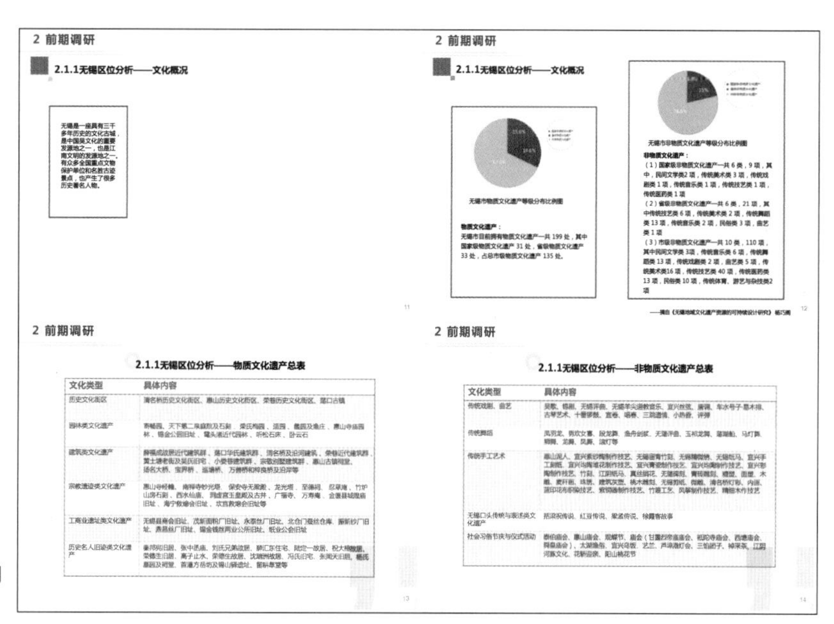

图11　无锡市惠山区凤翔路段公共艺术规划（前期调研）

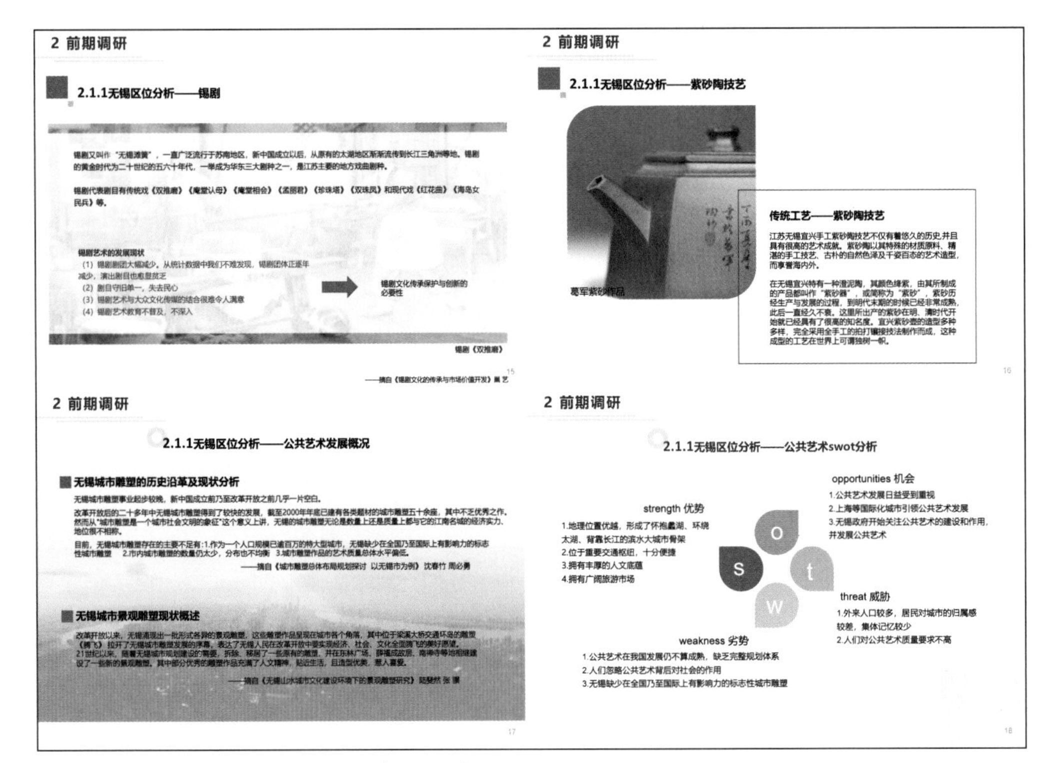

图12　无锡市惠山区凤翔路段公共艺术规划（前期调研）

规划区域范围内文化分析（见图13～图17）。

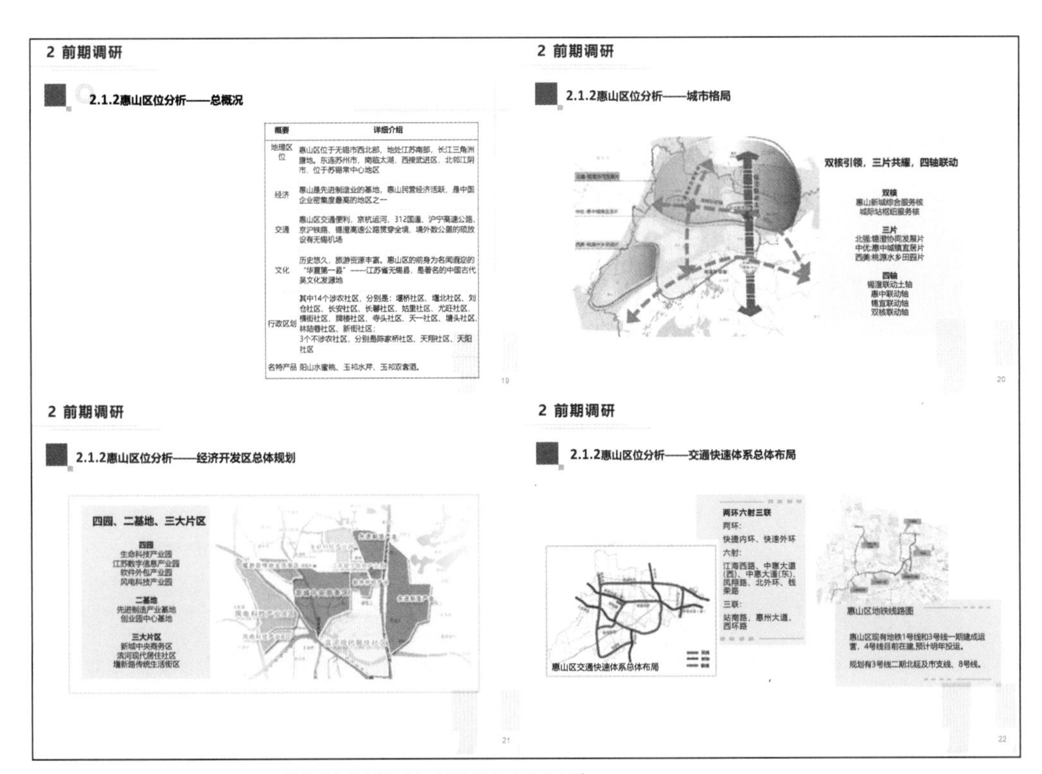

图13　无锡市惠山区凤翔路段公共艺术规划（规划区域范围内文化分析）

图14　无锡市惠山区凤翔路段公共艺术规划（规划区域范围内文化分析）

图15　无锡市惠山区凤翔路段公共艺术规划（规划区域范围内文化分析）

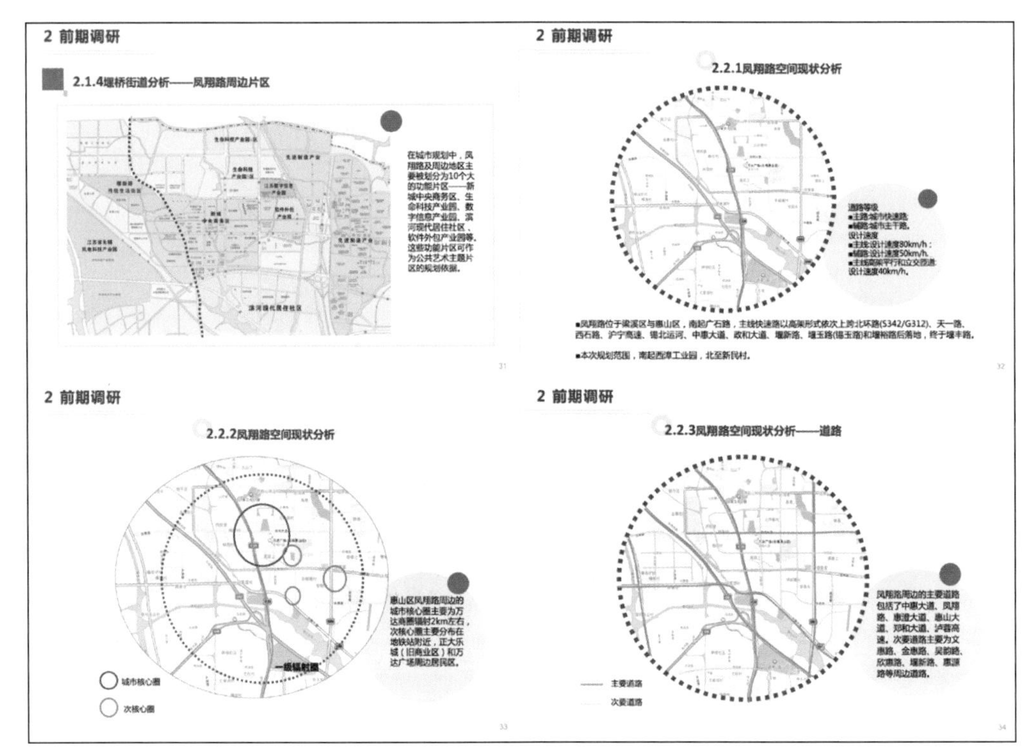

图16　无锡市惠山区凤翔路段公共艺术规划（规划区域范围内文化分析）

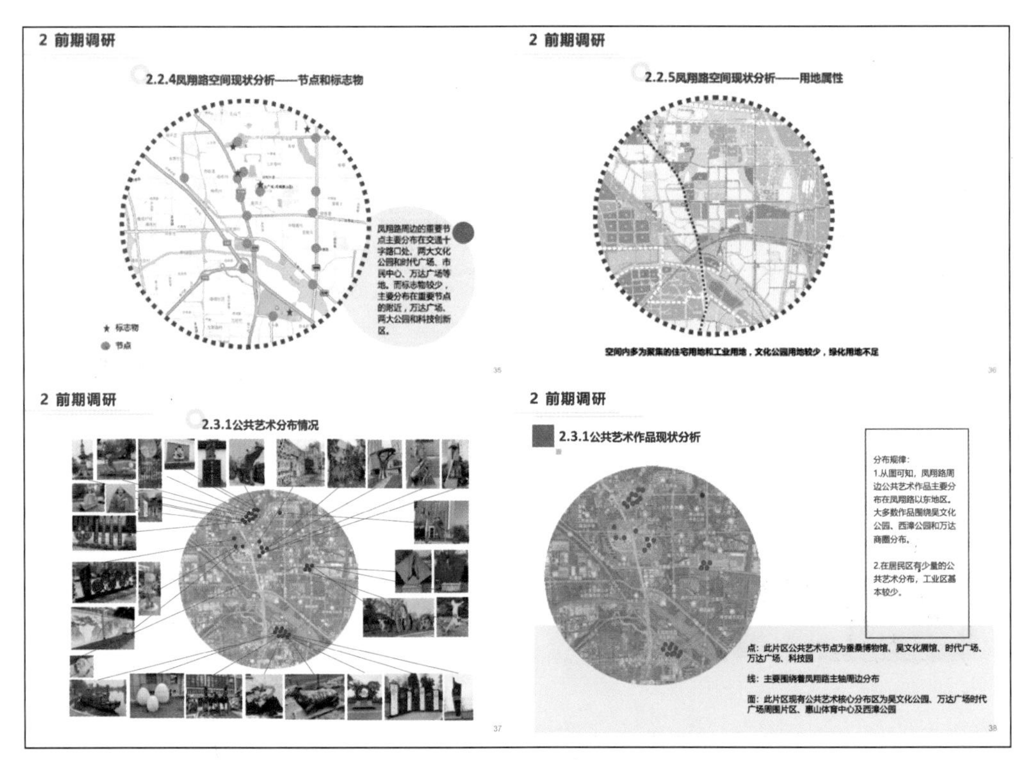

图17　无锡市惠山区凤翔路段公共艺术规划（规划区域范围内文化分析）

周边公共艺术现状分析（见图18～图26）。

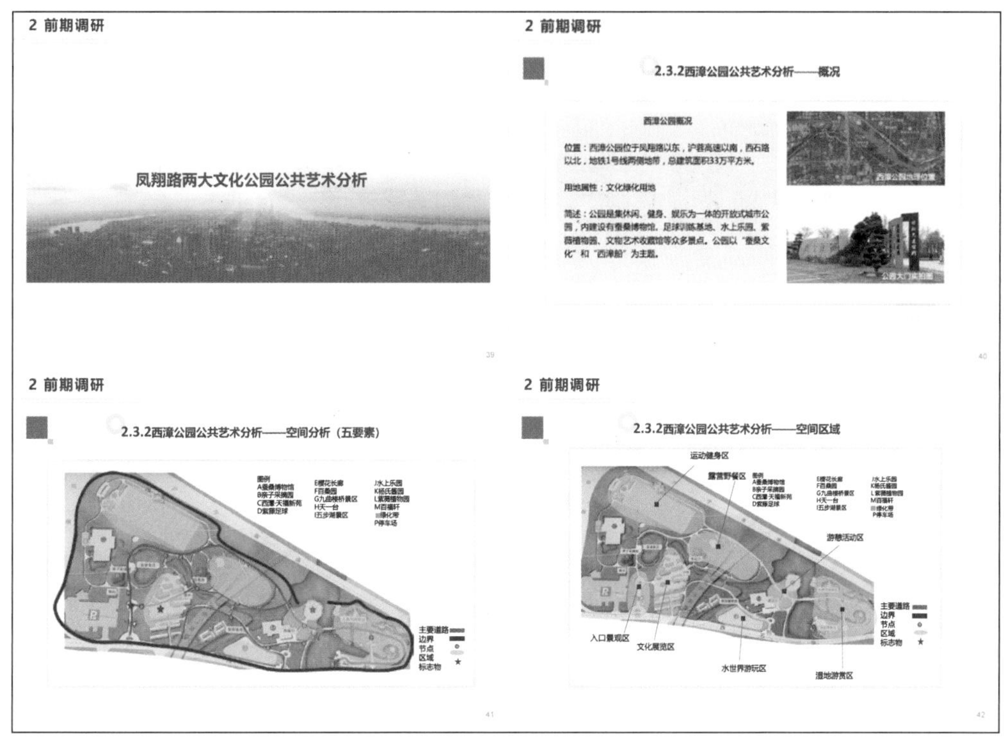

图18　无锡市惠山区凤翔路段公共艺术规划（周边公共艺术现状分析）

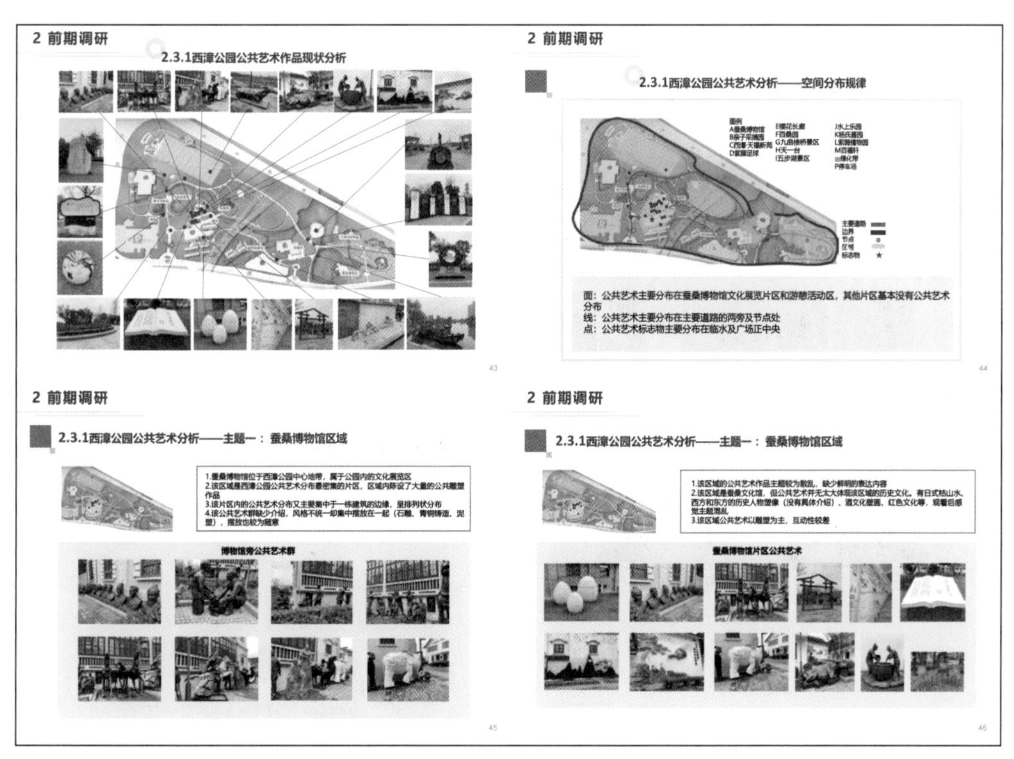

图19　无锡市惠山区凤翔路段公共艺术规划（周边公共艺术现状分析）

图20　无锡市惠山区凤翔路段公共艺术规划（周边公共艺术现状分析）

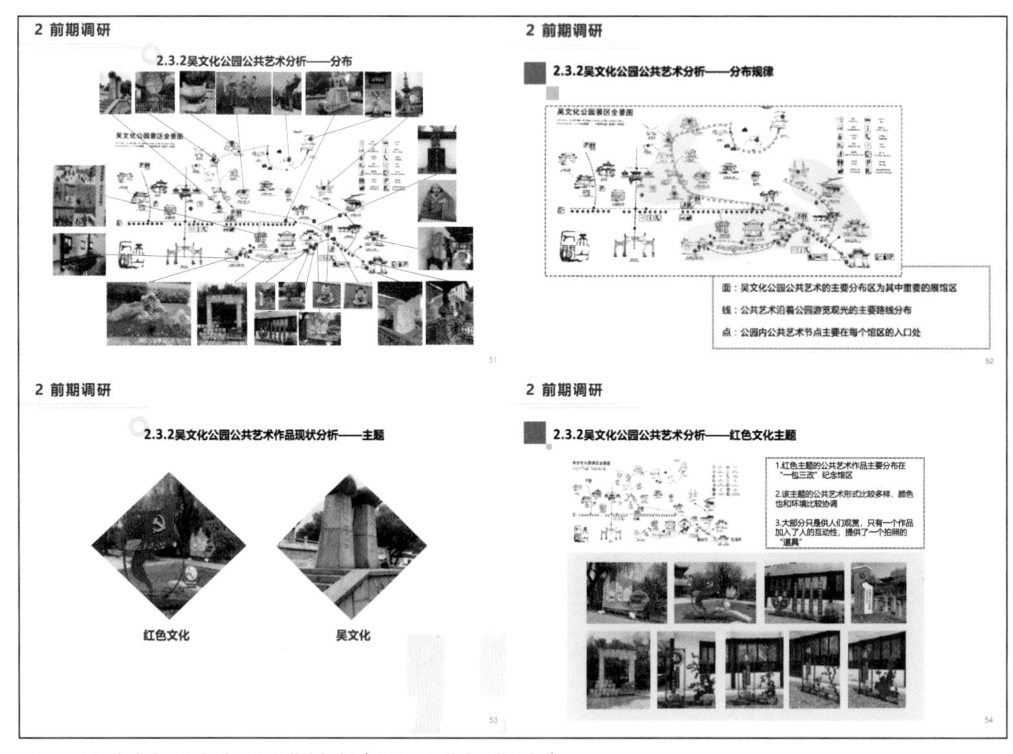

图21　无锡市惠山区凤翔路段公共艺术规划（周边公共艺术现状分析）

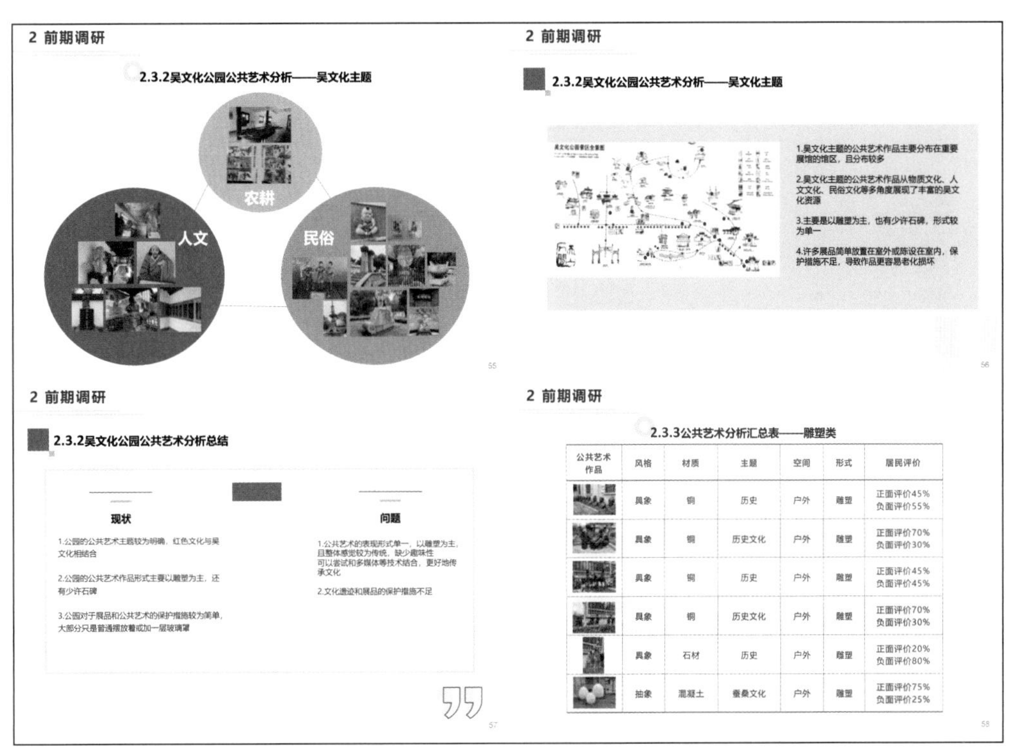

公共艺术作品	风格	材质	主题	空间	形式	居民评价
	具象	铜	历史	户外	雕塑	正面评价45% 负面评价55%
	具象	铜	历史文化	户外	雕塑	正面评价70% 负面评价30%
	具象	铜	历史	户外	雕塑	正面评价45% 负面评价45%
	具象	铜	历史文化	户外	雕塑	正面评价70% 负面评价30%
	具象	石材	历史	户外	雕塑	正面评价20% 负面评价80%
	抽象	混凝土	蚕桑文化	户外	雕塑	正面评价75% 负面评价25%

图22　无锡市惠山区凤翔路段公共艺术规划（周边公共艺术现状分析）

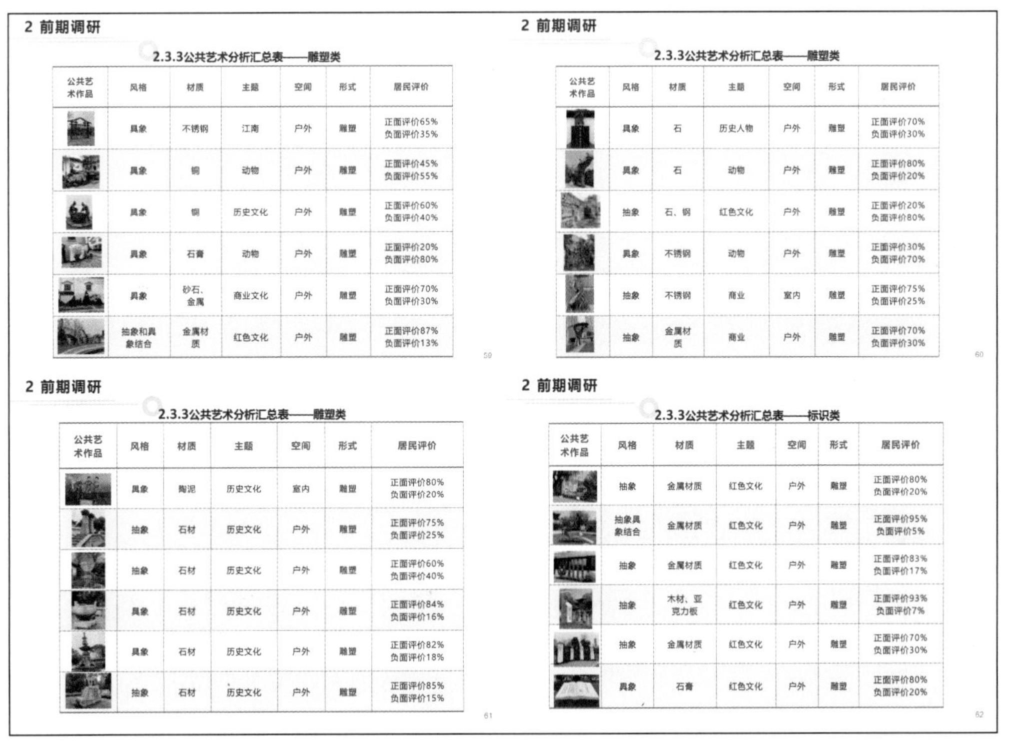

公共艺术作品	风格	材质	主题	空间	形式	居民评价
	具象	不锈钢	江南	户外	雕塑	正面评价65% 负面评价35%
	具象	铜	动物	户外	雕塑	正面评价45% 负面评价55%
	具象	铜	历史文化	户外	雕塑	正面评价60% 负面评价40%
	具象	石膏	动物	户外	雕塑	正面评价20% 负面评价80%
	具象	砂石、金属	商业文化	户外	雕塑	正面评价70% 负面评价30%
	抽象和具象结合	金属材质	红色文化	户外	雕塑	正面评价87% 负面评价13%

公共艺术作品	风格	材质	主题	空间	形式	居民评价
	具象	石	历史人物	户外	雕塑	正面评价70% 负面评价30%
	具象	石	动物	户外	雕塑	正面评价80% 负面评价20%
	抽象	石、铜	红色文化	户外	雕塑	正面评价20% 负面评价80%
	具象	不锈钢	动物	户外	雕塑	正面评价30% 负面评价70%
	抽象	不锈钢	商业	室内	雕塑	正面评价75% 负面评价25%
	抽象	金属材质	商业	户外	雕塑	正面评价70% 负面评价30%

公共艺术作品	风格	材质	主题	空间	形式	居民评价
	具象	陶泥	历史文化	室内	雕塑	正面评价80% 负面评价20%
	抽象	石材	历史文化	户外	雕塑	正面评价75% 负面评价25%
	抽象	石材	历史文化	户外	雕塑	正面评价60% 负面评价40%
	具象	石材	历史文化	户外	雕塑	正面评价84% 负面评价16%
	具象	石材	历史文化	户外	雕塑	正面评价82% 负面评价18%
	抽象	石材	历史文化	户外	雕塑	正面评价85% 负面评价15%

公共艺术作品	风格	材质	主题	空间	形式	居民评价
	抽象	金属材质	红色文化	户外	雕塑	正面评价80% 负面评价20%
	抽象具象结合	金属材质	红色文化	户外	雕塑	正面评价95% 负面评价5%
	抽象	金属材质	红色文化	户外	雕塑	正面评价83% 负面评价17%
	抽象	木材、亚克力板	红色文化	户外	雕塑	正面评价93% 负面评价7%
	抽象	金属材质	红色文化	户外	雕塑	正面评价70% 负面评价30%
	具象	石膏	红色文化	户外	雕塑	正面评价80% 负面评价20%

图23　无锡市惠山区凤翔路段公共艺术规划（周边公共艺术现状分析）

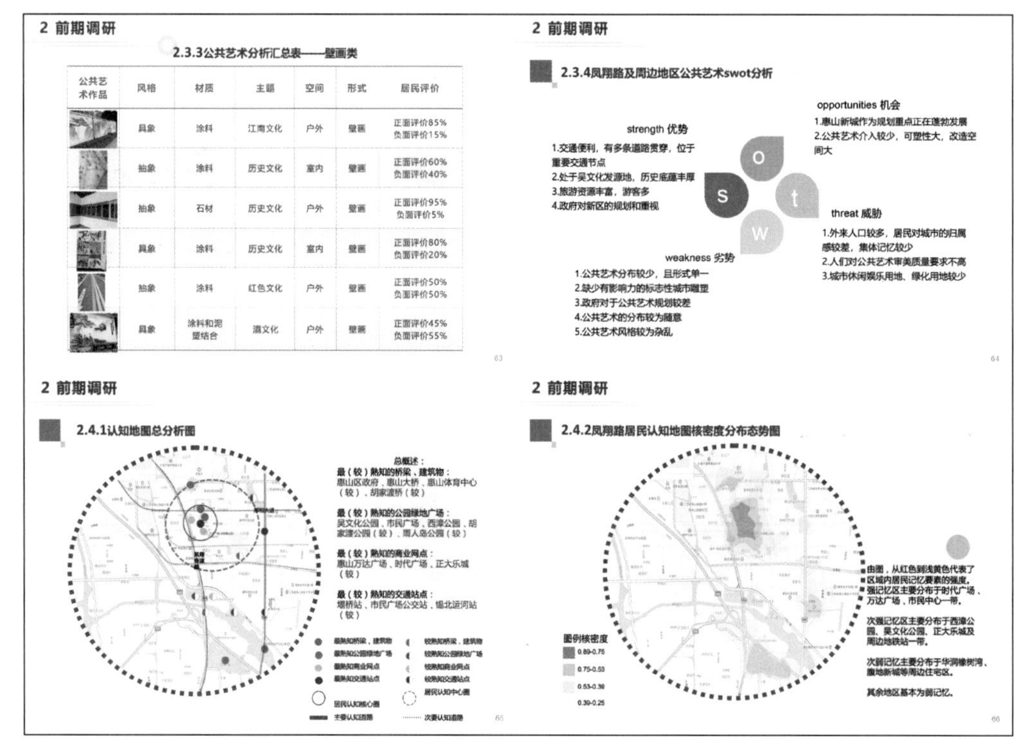

公共艺术作品	风格	材质	主题	空间	形式	居民评价
	具象	涂料	江南文化	户外	壁画	正面评价85% 负面评价15%
	抽象	涂料	历史文化	室内	壁画	正面评价60% 负面评价40%
	抽象	石材	历史文化	户外	壁画	正面评价95% 负面评价5%
	具象	涂料	历史文化	室内	壁画	正面评价80% 负面评价20%
	抽象	涂料	红色文化	户外	壁画	正面评价50% 负面评价50%
	具象	涂料和泥塑结合	酒文化	户外	壁画	正面评价45% 负面评价55%

图24　无锡市惠山区凤翔路段公共艺术规划（周边公共艺术现状分析）

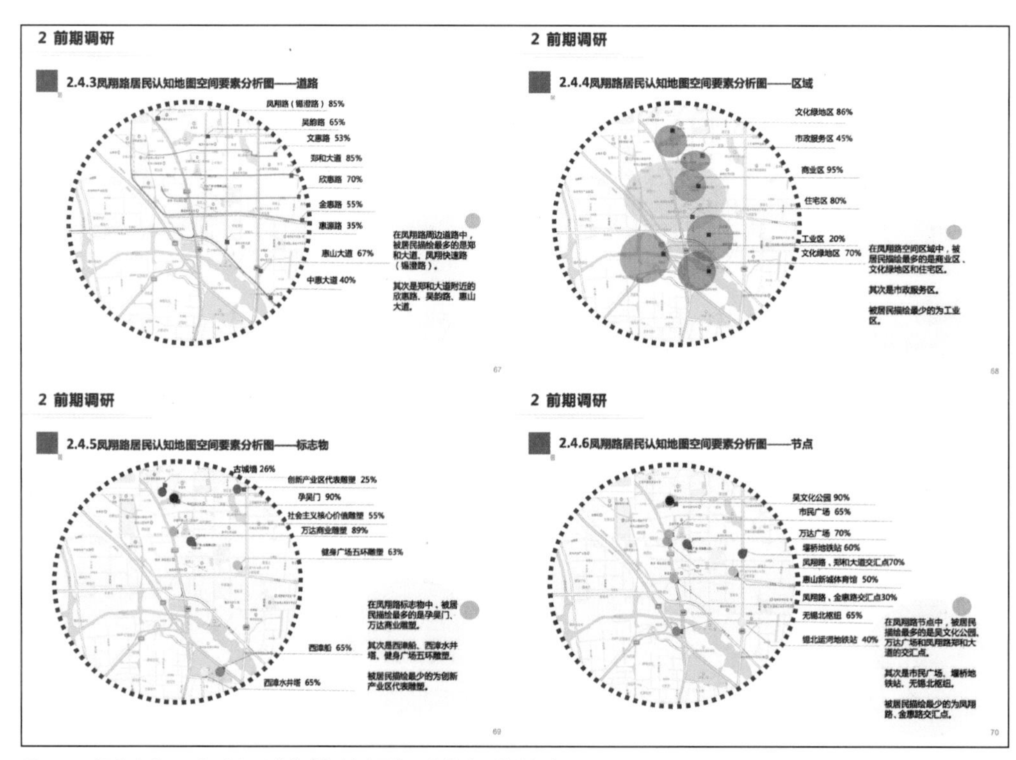

图25　无锡市惠山区凤翔路段公共艺术规划（周边公共艺术现状分析）

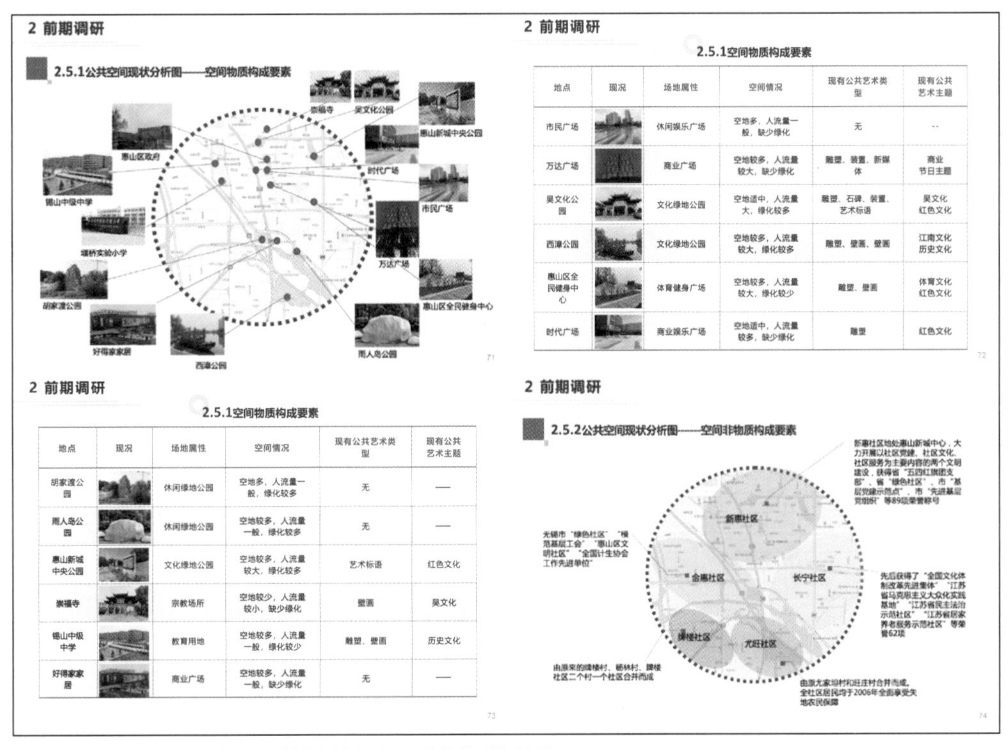

2 前期调研

2.5.1空间物质构成要素

地点	现况	场地属性	空间情况	现有公共艺术类型	现有公共艺术主题
市民广场		休闲娱乐广场	空地多，人流量一般，缺少绿化	无	--
万达广场		商业广场	空地较多，人流量较大，缺少绿化	雕塑、装置、新媒体	商业 节日主题
吴文化公园		文化绿地公园	空地适中，人流量大，绿化较多	雕塑、石碑、装置、艺术标语	吴文化 红色文化
西漳公园		文化绿地公园	空地较多，人流量较大，绿化较多	雕塑、壁画、壁画	江南文化 历史文化
惠山区全民健身中心		体育健身广场	空地较多，人流量较大，绿化较少	雕塑、壁画	体育文化 红色文化
时代广场		商业娱乐广场	空地适中，人流量较多，缺少绿化	雕塑	红色文化

2 前期调研

2.5.1空间物质构成要素

地点	现况	场地属性	空间情况	现有公共艺术类型	现有公共艺术主题
胡家渡公园		休闲绿地公园	空地多，人流量一般，绿化较多	无	——
雨人岛公园		休闲绿地公园	空地较多，人流量一般，绿化较多	无	——
惠山新城中央公园		文化绿地公园	空地较多，人流量较大，绿化较多	艺术标语	红色文化
崇福寺		宗教场所	空地较少，人流量较小，缺少绿化	壁画	吴文化
锡山中级中学		教育用地	空地较多，人流量一般，绿化较少	雕塑、壁画	历史文化
好得家家居		商业广场	空地较多，人流量一般，缺少绿化	无	——

2 前期调研

图26　无锡市惠山区凤翔路段公共艺术规划（周边公共艺术现状分析）

第二部分：提出目标与原则（见图27、图28）。

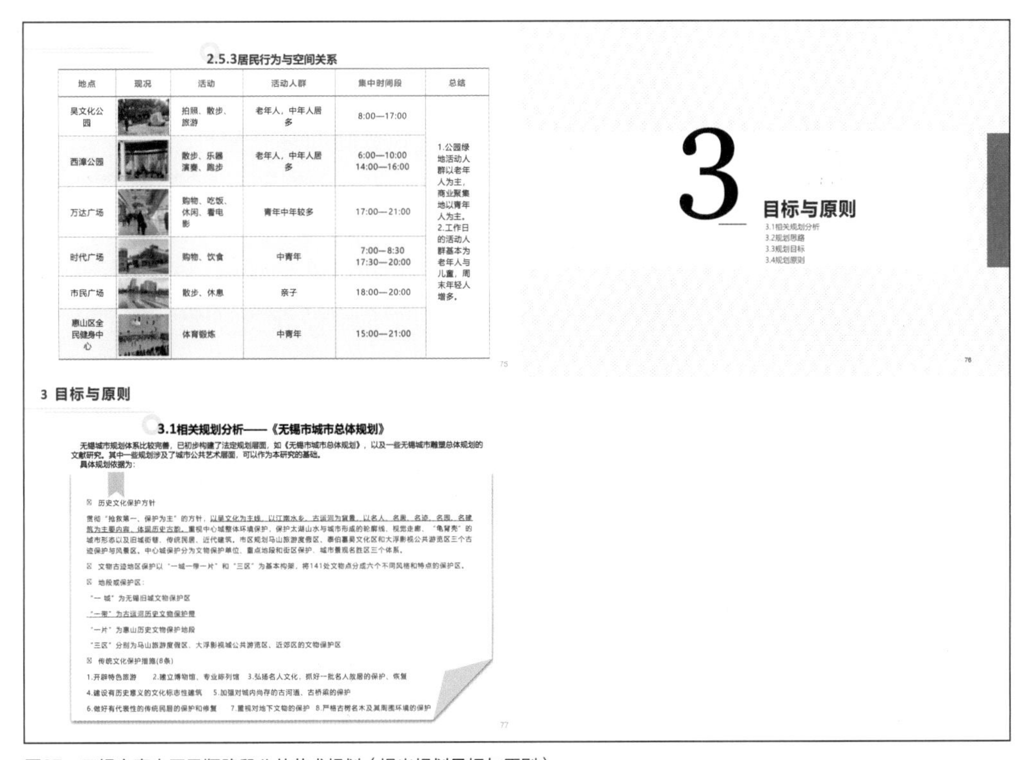

2.5.3居民行为与空间关系

地点	现况	活动	活动人群	集中时间段	总结
吴文化公园		拍照、散步、旅游	老年人，中年人居多	8:00—17:00	1.公园绿地活动人群以老年人为主，商业聚集地以青年人为主。2.工作日的活动人群基本为老年人与儿童，周末年轻人增多。
西漳公园		散步、乐器演奏、跑步	老年人，中年人居多	6:00—10:00 14:00—16:00	
万达广场		购物、吃饭、休闲、看电影	青年中年较多	17:00—21:00	
时代广场		购物、饮食	中青年	7:00—8:30 17:30—20:00	
市民广场		散步、休息	亲子	18:00—20:00	
惠山区全民健身中心		体育锻炼	中青年	15:00—21:00	

3

目标与原则

3.1相关规划分析

3.2规划思路

3.3规划目标

3.4规划原则

3 目标与原则

3.1相关规划分析——《无锡市城市总体规划》

无锡城市规划体系比较完善，已初步构建了法定规划层面，如《无锡市城市总体规划》，以及一些无锡城市雕塑总体规划的文献研究。其中一些规划涉及了城市公共艺术层面，可以作为本研究的基础。

具体规划依据为：

☒ 历史文化保护方针

贯彻"抢救第一、保护为主"的方针，以吴文化为主线，以江南水乡、古运河为背景，以名人、名居、名迹、名园、名建筑为主要内容，体现历史古韵。重视中心城整体环境保护，保护太湖山水与城市形成的轮廓线、视觉走廊、"龟背壳"的城市形态以及旧城街巷、传统民居、近代建筑。市区规划马山旅游度假区、泰伯墓吴文化区和大浮影视公共游览区三个古迹保护与风景区。中心城保护分为文物保护单位、重点地段和街区保护、城市景观名胜区三个体系。

☒ 文物古迹地区保护以"一城一带一片"和"三区"为基本构架，将141处文物点分成六个不同风格和特点的保护区。

☒ 地段或保护区：

"一 城"为无锡旧城文物保护区

"一带"为古运河历史文物保护带

"一片"为惠山历史文物保护地段

"三区"分别为马山旅游度假区、大浮影视城公共游览区、近郊区的文物保护区

☒ 传统文化保护措施(8条)

1.开辟特色旅游　2.建立博物馆、专业陈列馆　3.弘扬名人文化，抓好一批名人故居的保护、恢复

4.建设有历史意义的文化标志性建筑　5.加强对城内尚存的古河道、古桥梁的保护

6.做好有代表性的传统民居的保护和修复　7.重视对地下文物的保护　8.严格古树名木及其周围环境的保护

图27　无锡市惠山区凤翔路段公共艺术规划（提出规划目标与原则）

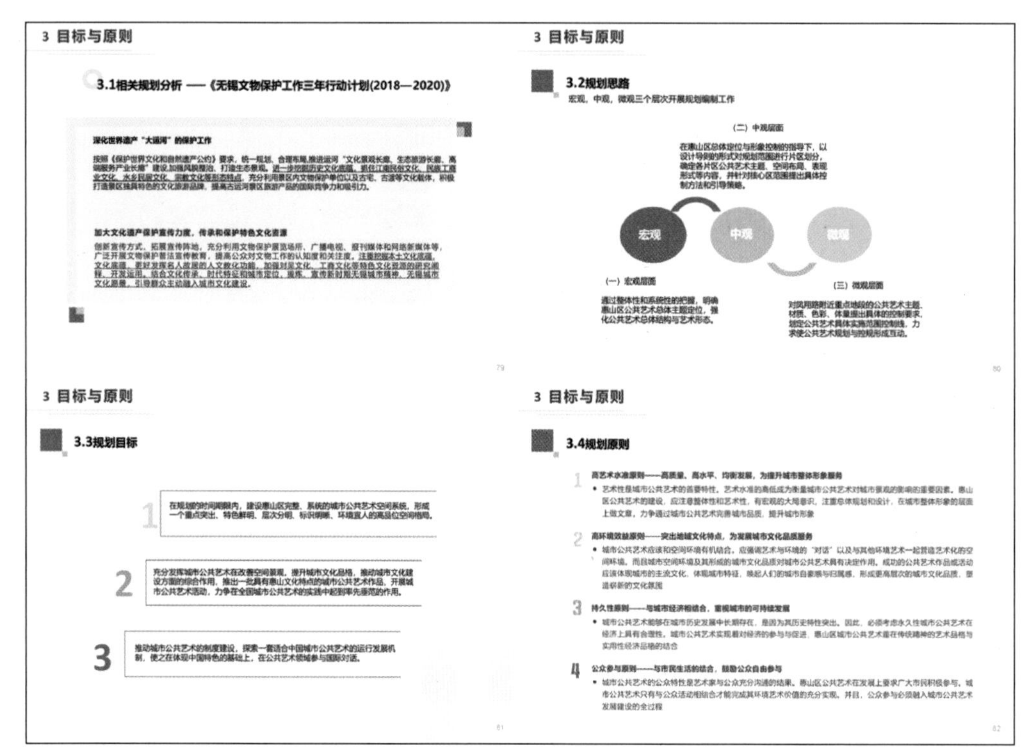

图28 无锡市惠山区凤翔路段公共艺术规划（提出规划目标与原则）

第三部分：规划内容呈现（见图29～图33）。

控制要素	具体说明
总体定位	(1)打造国际水准的现代公共艺术之城 (2)继承发扬当地文化特色，形成城市文化展厅 (3)营造浓厚的市民艺术氛围
主题定位	以江南文化、红色文化及时代发展三大主题为主，以打造社区特色文化为辅对凤翔路及周边进行公共艺术主题控制
场地环境	以凤翔路为中心主轴，南起西漳工业园，北至新民村，辐射大约10km为主要实施场地
作品形式	以放置雕塑和景观小品、建筑立面改造为主，并增设相关公共艺术活动
材料色彩	整体色彩控制主色调为江南的淡雅色系，在此基础上红色文化雕塑加入高明度红色呼应。材质以石材、金属、复合型材料为主，少量结合新媒介
实施方法	在政府和相应政策支持上，征询群众意见，并邀请艺术家与群众共同创作

图29 无锡市惠山区凤翔路段公共艺术规划（规划内容呈现）

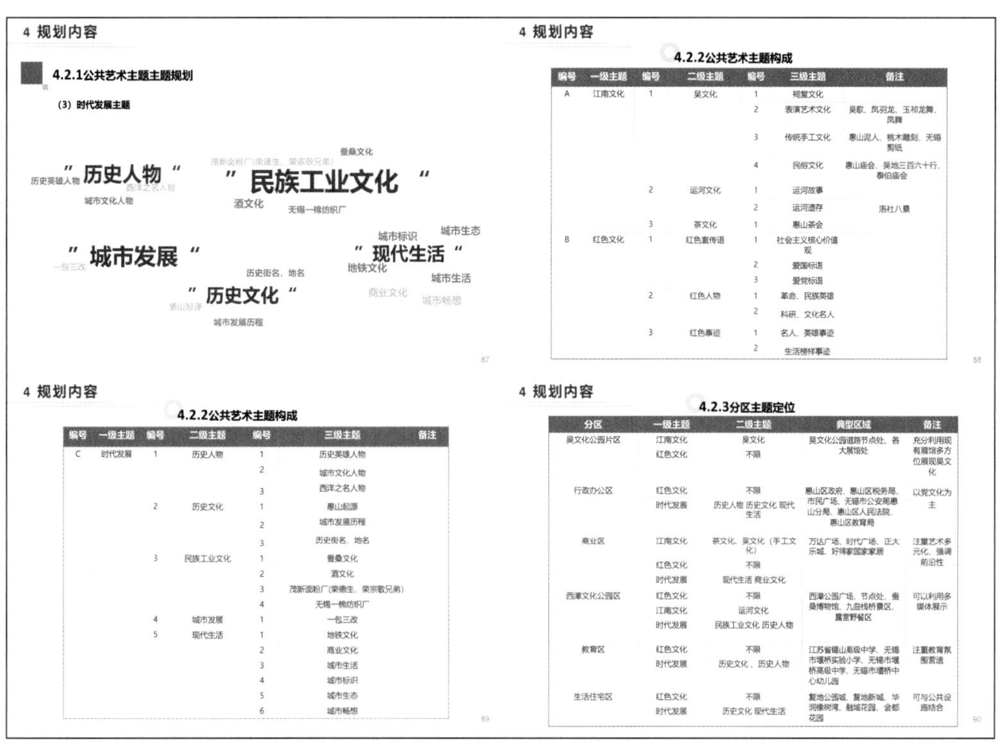

4 规划内容

4.2.2公共艺术主题构成

编号	一级主题	编号	二级主题	编号	三级主题	备注
A	江南文化	1	吴文化	1	祠堂文化	
				2	表演艺术文化	吴歌、凤羽龙、玉祁龙舞、凤舞
				3	传统手工文化	惠山泥人、桃木雕刻、无锡剪纸
				4	民俗文化	惠山庙会、吴地三百六十行、泰伯庙会
		2	运河文化	1	运河故事	
				2	运河遗存	洛社八景
		3	茶文化	1	惠山茶会	
B	红色文化	1	红色宣传语	1	社会主义核心价值观	
				2	爱国标语	
				3	爱党标语	
		2	红色人物	1	革命、民族英雄	
				2	科研、文化名人	
		3	红色事迹	1	名人、英雄事迹	
				2	生活榜样事迹	

88

4 规划内容

4.2.2公共艺术主题构成

编号	一级主题	编号	二级主题	编号	三级主题	备注
C	时代发展	1	历史人物	1	历史英雄人物	
				2	城市文化人物	
				3	西洋之名人物	
		2	历史文化	1	惠山起源	
				2	城市发展历程	
				3	历史街名、地名	
		3	民族工业文化	1	蚕桑文化	
				2	酒文化	
				3	茂新面粉厂(荣德生、荣宗敬兄弟)	
				4	无锡一棉纺织厂	
		4	城市发展	1	一包三改	
		5	现代生活	1	地铁文化	
				2	商业文化	
				3	城市生活	
				4	城市标识	
				5	城市生态	
				6	城市畅想	

89

4 规划内容

4.2.3分区主题定位

分区	一级主题	二级主题	典型区域	备注
吴文化公园片区	江南文化 红色文化	吴文化 不限	吴文化公园道路节点处、各大展馆处	充分利用现有展馆多方位展现吴文化
行政办公区	红色文化 时代发展	不限 历史人物 历史文化 现代生活	惠山区政府、惠山区税务局、市民广场、无锡市公安局惠山分局、惠山区人民法院、惠山区教育局	以党文化为主
商业区	江南文化 红色文化 时代发展	茶文化、吴文化（手工文化） 不限 现代生活 商业文化	万达广场、时代广场、正大乐城、好得家国家家居	注重艺术多元化，强调前沿性
西漳文化公园区	红色文化 江南文化 时代发展	不限 运河文化 民族工业文化 历史人物	西漳公园广场、节点处、蚕桑博物馆、九曲栈桥景区、露营野餐区	可以利用多媒体展示
教育区	红色文化 时代发展	不限 历史文化 、历史人物	江苏省锡山高级中学、无锡市堰桥实验小学、无锡市堰桥高级中学、无锡市堰桥中心幼儿园	注重教育氛围营造
生活住宅区	红色文化 时代发展	不限 历史文化 现代生活	复地公园城、复地新城、华润橡树湾、融域花园、金都花园	可与公共设施结合

90

图30　无锡市惠山区凤翔路段公共艺术规划（规划内容呈现）

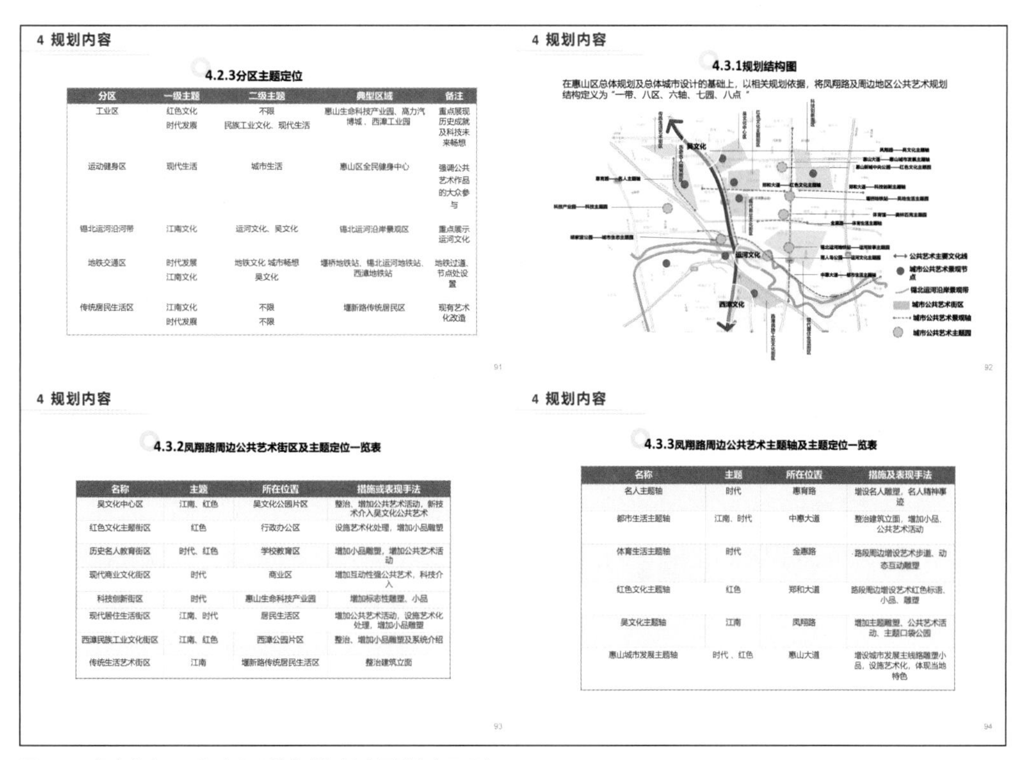

4 规划内容

4.2.3分区主题定位

分区	一级主题	二级主题	典型区域	备注
工业区	红色文化 时代发展	不限 民族工业文化、现代生活	惠山生命科技产业园、高力汽博城 、西漳工业园	重点展现历史成就及科技未来畅想
运动健身区	现代生活	城市生活	惠山区全民健身中心	强调公共艺术作品的大众参与
锡北运河沿河带	江南文化	运河文化、吴文化	锡北运河沿岸景观区	重点展示运河文化
地铁交通区	时代发展 江南文化	地铁文化 城市畅想 吴文化	堰桥地铁站、锡北运河地铁站、西漳地铁站	地铁过道、节点处设置
传统居民生活区	江南文化 时代发展	不限 不限	堰新路传统居民区	现有艺术化改造

91

4 规划内容

4.3.1规划结构图

在惠山区总体规划及总体城市设计的基础上，以相关规划依据，将凤翔路及周边地区公共艺术规划结构定义为"一带、八区、六轴、七园、八点"

4 规划内容

4.3.2凤翔路周边公共艺术街区及主题定位一览表

名称	主题	所在位置	措施或表现手法
吴文化中心区	江南、红色	吴文化公园片区	整治、增加公共艺术活动，新技术介入吴文化公共艺术
红色文化主题街区	红色	行政办公区	设施艺术化处理，增加小品雕塑
历史名人教育街区	时代、红色	学校教育区	增加小品雕塑，增加公共艺术活动
现代商业文化街区	时代	商业区	增加互动性强公共艺术，科技介入
科技创新街区	时代	惠山生命科技产业园	增加标志性雕塑、小品
现代居住生活街区	江南、时代	居民生活区	增加公共艺术活动，设施艺术化处理，增加小品雕塑
西漳民族工业文化街区	江南、红色	西漳公园片区	整治、增加小品雕塑及系统介绍
传统生活艺术街区	江南	堰新路传统居民生活区	整治建筑立面

93

4 规划内容

4.3.3凤翔路周边公共艺术主题轴及主题定位一览表

名称	主题	所在位置	措施及表现手法
名人主题轴	时代	惠育路	增设名人雕塑，名人精神事迹
都市生活主题轴	江南、时代	中惠大道	整治建筑立面，增加小品、公共艺术活动
体育生活主题轴	时代	金惠路	路段周边增设艺术步道、动态互动雕塑
红色文化主题轴	红色	郑和大道	路段周边增设艺术红色标语、小品、雕塑
吴文化主题轴	江南	凤翔路	增加主题雕塑、公共艺术活动、主题口袋公园
惠山城市发展主题轴	时代 、红色	惠山大道	增设城市发展主线路雕塑小品，设施艺术化，体现当地特色

94

图31　无锡市惠山区凤翔路段公共艺术规划（规划内容呈现）

4 规划内容

4.3.4凤翔路周边公共艺术主题园一览表

名称	主题	所在位置	措施及表现手法
科技主题园	时代	科技产业园	展示高新科学技术的发展，以实物展示为主要方式
城市生态主题园	时代	胡家渡公园	通过各种生态艺术小品及雕塑的完善，吸引市民进行休闲活动
运河文化主题园	江南	甬人岛公园	设立运河文化展示区，配合展览、公共艺术雕塑、传播运河文化
红色文化主题园	红色	惠山新城中央公园	通过各种红色雕塑、标语，展现爱党爱国城市风貌
吴地生活主题园	江南	堰桥地铁站	在地铁过道、建筑立面处增设吴地生活主题公共艺术、雕塑展览
奥林匹克主题园	时代	惠山新城体育馆	以弘扬奥林匹克精神为主，举办公共艺术活动，增设互动小品
运河故事主题园	江南	锡北运河地铁站	在地铁过道、建筑立面处增设运河故事主题公共艺术、雕塑展览

95

4 规划内容

4.3.5凤翔路周边公共艺术节点及主题定位一览表

名称	主题	所在位置	措施及表现手法
吴文化主题标志	江南	吴文化公园	该区域为吴文化中心地，应体现吴文化的典型特征
时代广场主题标志	红色	时代广场	该区域位于交通节点，政府旁边，适和醒目且体量较大的红色文化主题雕塑
市民中心主题标志	红色	市民中心	该区域位于市政府前面，适合体量中等的红色文化景观小品设施
万达广场主题标志	时代	万达广场	该区域属于中央商业区，适合体量较大商业现代雕塑
西漳公园主题标志	江南	西漳公园	该处为西漳蚕桑商业遗址，公共艺术应体现历史商业文化和西漳历史
西漳工业主题标志	江南	西漳工业园	该处应体现西漳繁荣的工业文化
胡家渡桥主题标志	江南	胡家渡桥周边	该区域临湖且植被丰富，公共艺术作品应体现城市生态主题
科技创新主题标志	时代	生命科技产业园	该区域位于惠山经济规划科技产业区，公共艺术作品应体现科技感
惠育路主题标志	时代	锡山高级中学	该区域位于教育区周围，公共艺术作品应体现一定的教育性

96

4 规划内容

4.4公共艺术项目分期实施图

按照提出的"一带、八区、六轴、七园、八点"规划结构确定公共艺术近、中、远三期的实施计划。以凤翔路文化轴为主线向外延展，商业区、中心行政区和两大文化公园为公共艺术近期实施重点区域，周围居住区、工业区、教育区为公共艺术中期实施区域，划分的公共艺术片区规划到远期组团实施区域，由点到面逐步完善城市公共艺术体系。

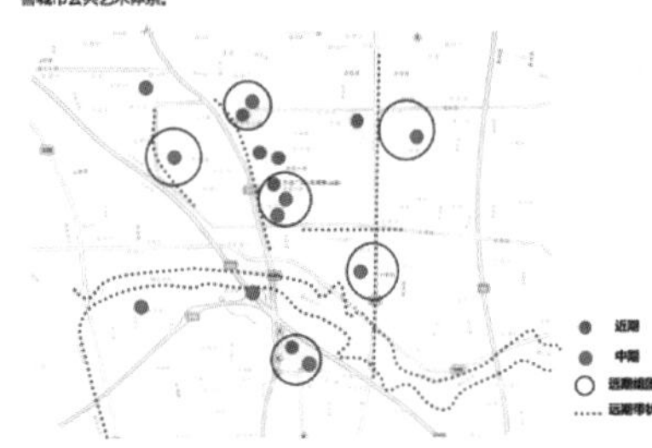

97

4 规划内容

4.5重点区域公共艺术规划导引

重点区域	作品形式	材料色彩	体量尺度	效果参考图
时代广场	在广场空间、交通节点增设雕塑	以材料为石、金属等复合材料，红色为主要色调，并加入一些小范围活跃性色彩	体量大，标志性雕塑	
万达广场	融入新媒体等交互形式，以互动装置为主，可配合建筑立面改造	材料不限，色彩可选择缤纷商业世界或未来设计感配色	体量中等，能与人互动	
市民广场	以在广场上增设艺术化公共设施和雕塑为主	材料运用金属、石材等承重较好的复合材料，红色为主要色调，并加入少量白灰点缀	体量中等	
西漳公园区	在重要节点处增设雕塑和互动装置	材料运用青铜金属铸造为主，可加入适量其他复合材料，色彩主要为青铜的材质色	体量中等，较小，分布较多	
传统生活区	改造在建筑立面，增设壁画等表现传统生活文化，适量加入小型雕塑	材料主要以颜料等墙壁涂料为主，色彩不宜过于鲜艳，体现江南淡雅风格	壁画体量较大，与墙面融合 雕塑体量较小，与街道映衬	
科技创新区	加入互动性装饰，建筑立面改造	材料表现形式不限，色彩采用冷色调为主，以表现未来科技感	体量较大，展现未来科技震撼感	

98

4 规划内容

4.5重点区域公共艺术规划导引

重点区域	作品形式	材料色彩	体量尺度	效果参考图
教育区	在道路节点增设雕塑作品和艺术教育标牌	材料不限，色彩可表现稍微艳丽一点，吸引学生注意	体量较小，方便学生欣赏浏览	
惠山新城公园	在公园增设艺术化红色雕塑设施和标语	材料不限，色彩以红色基调为主	体量中等，能与人互动	
胡家渡公园	在公园增设生态化小品、景观设施	材料运用石材、金属等耐腐蚀材料，色彩运用木色等与大自然融合	体量中等较小	
鱼人岛公园	在公园增设运河文化介绍艺术雕塑	材料运用青铜金属铸造为主，可加入适量其他复合材料，色彩主要为青铜的材质色	体量中等，较小，分布较多	
吴文化公园	融入新媒体等交互形式，增设小品、互动雕塑，举办公共意识展览	材料不限，色彩可结合江南文化和惠山泥人色彩体系	体量中等	
居民住宅区	增设小品、公共设施雕塑、公共艺术设施	材料不限，出于行人和交通驾驶者安全考虑，色彩避免过于艳丽的颜色。	体量中等	

99

4 规划内容

4.6公共艺术活动导引表

方案	背景分析	分布要求	要点	目标	示例
街头艺术表演	城市缺少艺术化氛围活动	城市重要人流集中地、商业广场、市民广场	划定限定区域，考虑演出和观演者的公共安全	城市活化提升	
壁画巷涂鸦活动	社区缺少特色	社区重要人流集中地	划定主题，可邀请居民共同完成	城市美化提升，城市归属感提升	
立体绿化墙	城市用地紧张，绿化面积较少	社区、商业区人流较集中地、绿化覆盖率较低地段	通过立面空间，层叠空间打造绿化环境	城市活化振兴	
惠山茶会	惠山现有文化特色节目	开放空间内单独策划选址，可分为主场分场	注重大众居民的参与性	城市归属感提升	
惠山庙会	惠山现有文化特色节目	开放空间内单独策划选址，可分为主场分场	注重大众居民的参与性	城市归属感提升	
活动雕塑	城市缺少互动性的活力艺术氛围	城市重要人流聚集地，如商业广场、市民广场、公园	注重雕塑的安全性	城市活化振兴	

100

4 规划内容

4.7.1重点轴线公共艺术规划设计

——凤翔路吴文化主题轴——七口袋公园

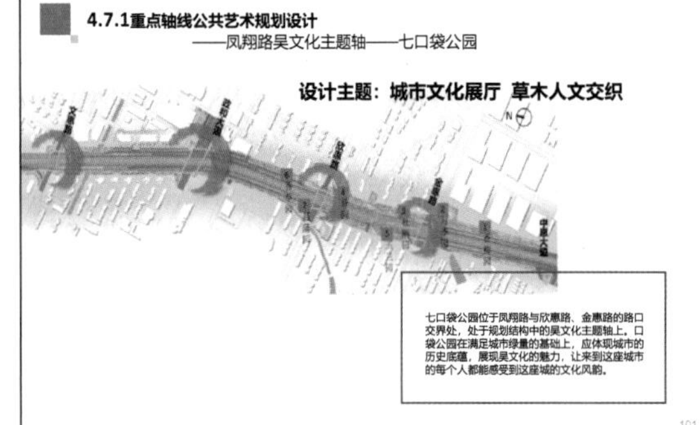

七口袋公园位于凤翔路与欣惠路、金惠路的路口交界处，处于规划结构中的吴文化主题轴上。口袋公园在满足城市绿量的基础上，应体现城市的历史底蕴，展现吴文化的魅力，让来到这座城市的每个人都能感受到这座城的文化风韵。

101

4 规划内容

4.7.2凤翔路吴文化主题轴 —— 七口袋公园 公共艺术规划导引

区域	表达主题	作品形式	材料色彩	体量尺度
香梅园	无锡剪纸	增设剪纸形式艺术雕塑	材料运用金属或树脂，色彩不限，但基调统一	体量中等
月季园	惠山泥人	邀请艺术家创新惠山泥人形式，增设现代审美趣味惠山泥人	材料陶泥，也可创新。色彩可稍微艳丽	体量较大
杜鹃园	吴地传说	增设艺术化标牌设施	材料运用金属等耐腐蚀材料，色彩运用木色等与大自然融合	体量中等较小
朴园	传统舞蹈	增设艺术雕塑	材料运用青铜金属铸造为主，可加入适量其他复合材料，色彩主要为青铜的材质色	体量中等
香草园	戏剧音乐	可采用浮雕等形式绘制乐谱，同时结合扫码试听	材料运用石或金属，色彩不宜过于艳丽	体量中等
菖蒲园	百叶制作工艺	增设道路景观雕塑，传承手艺制作过程	材料可运用金属，色彩为金属本色	体量中等
玉兰园	吴地360行	增设道路景观雕塑，再现吴地街头场景	材料运用金属或陶土，颜色明度不宜过高	体量中等

102

图32　无锡市惠山区凤翔路段公共艺术规划（规划内容呈现）

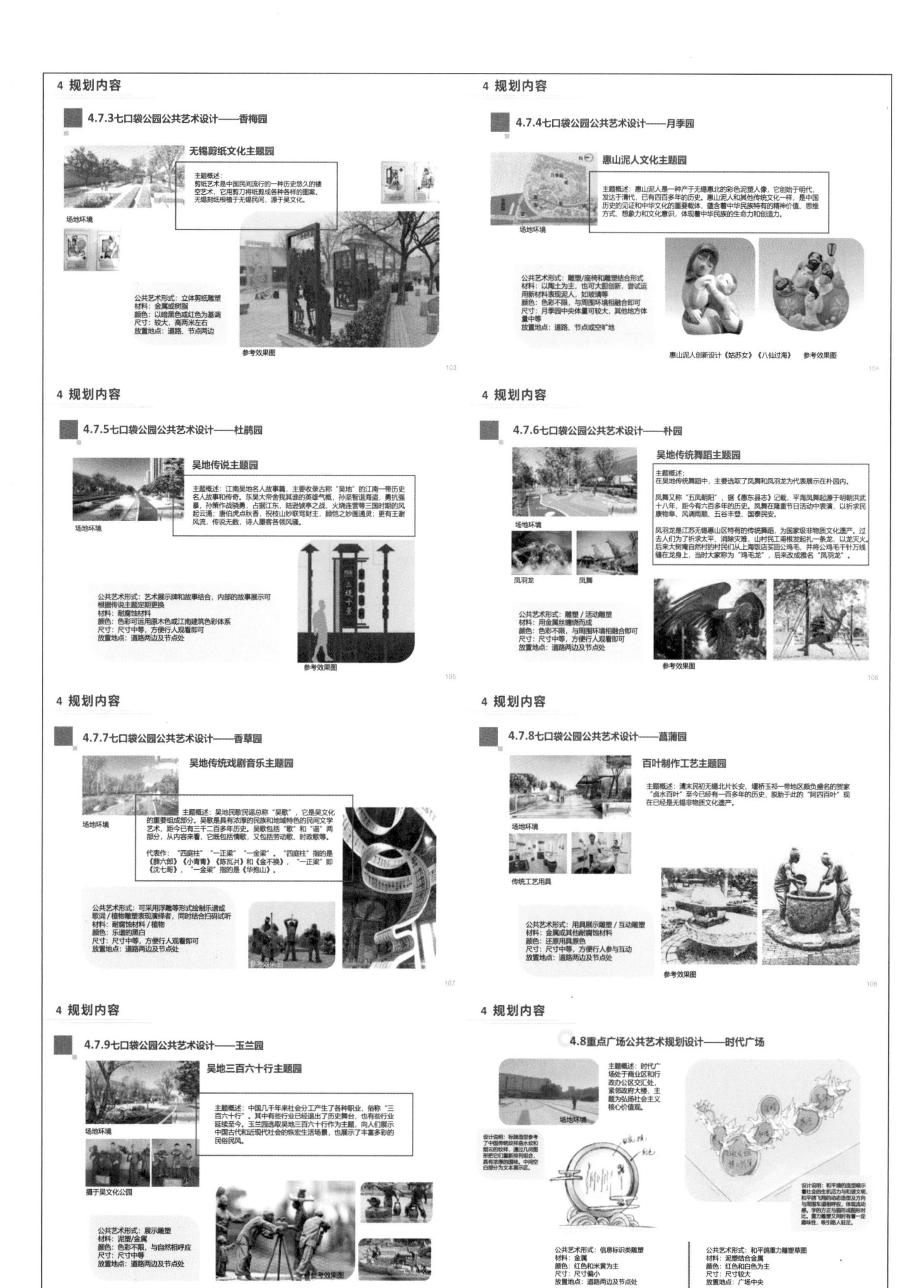

图33　无锡市惠山区凤翔路段公共艺术规划（规划内容呈现）

第六章 CHAPTER 6

公共艺术精彩案例

随着城市现代化进程的推进，公共艺术也在不断地介入不同类型的城市空间中。回顾以往的各类公共艺术作品，基于地域空间，我们可以将城市公共艺术主要分为以下大类：公园绿地、街道线性空间、交通枢纽、商业空间设施、社区、校园、标志性节点、工业遗产、城市家具。

第一节　公园绿地公共艺术

绿地艺术是公共艺术的重要组成部分，在娱乐、教育、审美等方面都发挥了重要作用。绿地作为现代城市的重要标志，其独特的艺术价值能显示一座城市的文化内涵和人文情怀。同时，绿地也是艺术在公共生活中的重要载体，艺术在公共生活中的价值直接或间接地体现在景观的绿地建设中。

碧山宏茂桥公园是新加坡最受欢迎的中心地带公园之一（见图1），公园设计方案基于河漫滩的概念，当水量小时，露出宽广的河岸，为人们营造出一个可供休闲娱乐的亲水平台；当暴雨水量上涨时，临近河水的公园用地可加宽河道，使水顺流而下。这一概念确保了足够的公园用地，创造出更多交流空间。公园空间内极富创造力与想象力的空间设计，让孩子们在游戏与互动中学会欣赏、了解水的价值；同时，社区参与在公园的设计中也发挥了关键作用，孩子们参与了为游乐场创作艺术图案和监测河流健康状况等多项活动（见图2）。公园向人们展示了蓝绿城市基础设施的新愿景，在满足水资源独立供给与洪水治理的同时，还在高密度的城市中心创造了生态、社会与艺术价值。

图1、图2　新加坡碧山宏茂桥公园（新加坡公用事业局）
（修复生态空间，重塑和谐美丽家园。）

第二节 街道线性空间公共艺术

街道是城市空间的基本构成，人们通过街道来体验城市。街道不仅记录了城市的历史和传统，也反映了城市的个性与创意。将各类要素协同起来形成高品质且具有适应性的街道空间体现着城市的智慧。

纽约高线公园（High Line Park）是全球城市更新案例中的典范之一（见图3）。它通过对园艺、工程、安全、维修、公共艺术等方面全方位的改造，构建了一块"飘浮在曼哈顿空中的绿毯"，让世界各地的人慕名前往。毫不夸张地说，高线公园早已成为纽约的文化名片之一（见图4）。

高线公园位于纽约曼哈顿中城，前身是1930年修建的铁路货运专用线，停运后一度荒废，轨道草木蔓生（见图5）。设计团队以此为设计灵感，着力于城市历史、记忆和场地精神的保护与重塑。公园保留了高线铁路遗址，使之成为纽约西区工业化历史的一座"纪念碑"；还保留了部分厂房的残垣断壁。这些场景，记载、诉说和传递着场地的历史。同时，设计团队在项目缘起、竞标、设计、实施的过程中，均与当地居民保持了紧密联系，使设计为纽约市民带来一片美妙公共空间的同时，又承载了这座城市的记忆。

图3、图4　纽约高线公园（高线公园官网）
（挖掘消极空间潜力，持续激发地区活力。）

图5　过去的高线铁路
（高线公园官网）

高线不仅是一片普通的区域，还能提供一段旅程。它以毫不间断的姿态横向切入多变的城市景观中，将“漫步”的理念融入城市公园体验，不用考虑过马路看车、不用等红绿灯，它所带给游人的惊喜和愉快，是其他任何街道或者公园都无法媲美的。高出地面9.14米的空中步道给人们带来了独特的城市体验，人们在深入城市，同时也在远离城市，很多对周围环境早已了然于心的纽约人也不禁走上高线，以一种全新的视角一睹城市风采，往往能够收获意想不到的惊喜（见图6~图9）。

图6　高出地面9.14米的空中步道（高线公园官网）

图7　观景框（同济规划五所）
（纪念挂在高线上的广告牌，从哪个方向看都各成一景。）

图8　30街镂空观景台（同济规划五所）

图9　阶梯观景台（高线公园官网）
（人们在阶梯上面对玻璃幕墙外的街景，同时自己也成了景色的一部分。）

高线是一块有着巨大延展性的开放地。高线公园提供了灵活多样的功能空间，随处可见的长椅、太阳椅、阶梯椅，还有木制甲板、草地，市民可以随时来这里休憩，给繁忙的都市生活一个喘息的空间；配合艺术博物馆等形成艺术中心，吸引游客、人才，提高居民生活品质。高线公园每周都会为游客和周边居民举办各式各样的活动，例如演出、朗诵会、电影放映会、美食节等，开发并保留社区特色，增加社区活力（见图10~图13）。

图10　高线公园共有五个天文望远镜，每年从四月开始到十月，每周二都会举办观星活动（高线公园官网）

图11　阳光甲板（同济规划五所）
（可移动的宽大座椅和远处的哈德逊河相得益彰。）

图12　景观座椅（同济规划五所）

图13　2015年 Coach在高线公园举办夏日派对（同济规划五所）

高线公园的“植一筑”（Agri-Tecture）策略改变了步行道与植被的常规布局方式，将有机栽培与建筑材料按不断变化的比例关系结合起来，创造出多样的空间体验：时而展现自然的荒野与无序，时而展现人工种植的精心与巧妙。硬性的铺装和软性的种植体系相互渗透，营造出不同的表面形态，从高步行率区（100%硬表面）到丰富的植栽环境（100%软表面），呈现多种硬软比例关系，既提供了私密的个人空间，又提供了人际交往的基本场所，为使用者带来了不同的身心体验（见图14~图16）。

图14　高线公园铺装与植被空间图（同济规划五所）

图15　靠近植栽的接缝处被特别设计成锥形，植物可以从坚硬的混凝土板之间生长出来（同济规划五所）

图16　植物的设计展现出非园林式的野性生长模式，彰显生机与活力（同济规划五所）

高线公园带来的经济与社会效益是不可忽视的。公园的开放为重振曼哈顿西区做出了卓越的贡献，是当地的标志，有力刺激了私人投资。这里成为纽约市增长最快、最有活力的社区。从2000年到2010年，新区人口增长了60%。邻近高线公园至少有29个大型开发项目动工，总投资超过144.5亿，解决12 000个就业岗位。新建2558套居住单元，1000间酒店客房，超过39 391平方米办公空间和7897平方米艺术展示空间，其经济及社会效益成就非凡（见图17）。

总的来说，与传统保护模式不同，高线公园并不是把历史遗存作为古董原封不动地保留下来，也非对遗存的简单再利用，而是使各个历史时期的元素交织并存，产生复合的新的特征。高线公园的成功也为工业建筑遗产保护再生模式提供了一种新的可能性。

第三节　交通枢纽公共艺术

交通枢纽作为连接城市的重要纽带，不仅直接影响社会的经济效益，也关系城市未来的发展，与人类文化的发展相依相随，因此成为城市公共发展中的重要组成部分。大型交通枢纽作为城市内外客流集散中心和要素汇集中心，代表着城市形象和地区发展的引擎，对城市空间布局及经济社会发展有着举足轻重的意义。

《大气照相机》（Atmospheric Lens）是一件公共艺术品，嵌在加拿大多伦多旺市大都会中转站的圆屋顶上。该公共艺术品的占地面积达1486平方米，将中转站凸面形的天花板打造成了一个动态的、立体主义的拼贴画，形象地展示了车站内的日常百态。当乘客进入镜头下方的空间并在其中来往穿梭时，他们的影像便会被反射在天花板的面板中，成为不断变化的大气环境中的一部分，从而实现了一种被动动力学的效果。极具巧思的天窗与冬至、夏至、春分、秋分节气的太阳高度角相对应，将两个层次的光线投射到车站的深处，照亮了这个十分缺乏日光的空间，形成了一种动态的视觉效果（见图18~图20）。

图17　公园周边建筑（同济规划五所）

图18　加拿大多伦多《大气照相机》［保罗·拉夫工作室（Paul Raff Studio）］
（镜面抛光钢板通过反射创造出动态的视觉效果。）

图19　《大气照相机》位于车站的圆屋顶上（保罗·拉夫工作室）

图20　《大气照相机》局部（保罗·拉夫工作室）
（天窗将自然光线引入空间内部，为空间内的乘客提供了向外的视野。同时，镜面材质通过反射来往行人的活动创造出了一种动态的视觉效果。）

第四节　商业空间公共艺术

在现代商业空间中，商业导视系统已经不再是单体设计或者标牌，而是整合品牌形象、建筑景观、交通节点、信息功能甚至媒体界面的系统化设计，因此一个优秀的公共艺术作品即可成为导视系统的标识。在现代商业空间的导视系统中，色彩、表现内容及手法和材质都越发具有艺术性与多样性。

2017年，美国街头艺术家埃里克·里格（Eric Rieger）在北美最大的室内购物中心——美国明尼苏达州布鲁明顿市美国购物中心（Mall of America）完成了一个大型彩色纱线装置作品——《热情的午餐》。该装置由103种颜色的13 000根纱线（约327千克）组成，安装在商场的中庭，覆盖了来自上方天窗的238平方米的面积，完全改变了中庭的原有格局。游客穿过北门时，就会被包围在五彩缤纷的色彩中。整个装置在经过了8周的设计和后勤规划之后，用10天时间完成安装。在创作构思方面，艺术家通过利用现有的基础设施，在给定空间内创作出和谐的艺术作品。这个装置让尽可能多的人有机会来体验这种新式空间，以唤起人们的幸福感和敬畏感（见图21、图22）。

裸眼3D大屏是公共艺术与商业趋势的“新革命”，裸眼3D用艺术和技术混合创造了一种革命性的娱乐方式。立体而又逼真的3D电影特效总能让我们产生强烈的身临其境感，回味无穷。它代表着未来的一种商业趋势，目前也不算罕见，重庆观音桥、成都太古里、广州北京路步行街新大新百货大楼、韩国时代广场、美国纽约时代广场等商业区域都设有裸眼3D屏，这种艺术形式新颖且富有吸引力，每天吸引着大量前来打卡的游人，有的甚至不远千里来打卡，只求一饱眼福（见图23）。

图21、图22　美国明尼苏达州布鲁明顿《热情的午餐》（城市艺术联盟UAU）

第五节　社区公共艺术

随着当代社区和市民文化的崛起，城市公共艺术开始进入以社区为中心的公共环境。社区公共艺术是城市公共艺术的重要组成部分，社区公共艺术对于社区文化有特殊意义。社区公共艺术的重要性在于，它以艺术的方式和公共参与的方式去实现社区主体的公共精神、文化意志、价值取向、地域文化特色和社区形象特征。

2019年重庆首届黄桷坪社群艺术季作为第二届“长江上下—公共艺术行动计划”中的四川美术学院展览现场，以“艺术的社群·记忆的容器”作为策划主题，将重庆市九龙坡区黄桷坪街道新市场社区铁路三村作为介入的社区。此次社群艺术季包括社群艺术在地创作作品展、社群民艺·美育工坊、铁路社群茶话会、铁路社群影像志放映会四大活动板块；新市场社区共有16件在地创作的公共艺术作品，由50余名四川美术学院师生、40余名居民历时两个月共同创作完成（见图24~图32）。

图23　成都太古里 / 韩国时代广场

图24　《国庆路》曾令香、袁喆（“长江上下—公共艺术行动计划”）
（把灯光作为媒介，达成的是一种在实用性和艺术化之间的平衡。红色的光晕笼罩着整个铁路三村，灯光勾勒了社区每一个不起眼的小角落，也照亮了每一个夜归人的步履和内心。）

图25　《家族相册》四川美术学院乡村振兴与民艺活化工作室、摄影艺术家戴小兵（“长江上下—公共艺术行动计划”）
（新市场社区内的居民大多是铁路职工及家属。成渝铁路陪伴着大家一路走来，许多老一辈的人对火车的发展历史记忆犹新。于是戴小兵组织小区居民拍摄集体照，举办照片展览。展览场地外形选择绿皮火车的样式，车窗内摆放照片，以绿皮车的形式来承载铁路职工及家属的回忆，在小区入口处实现空间激活，为铁路职工营造一个可交流、回忆的空间。）

图26　《铁路书屋》田蒙（“长江上下—公共艺术行动计划”）
（作品以具有年代感的铁路书籍为元素，结合此处的空间进行创作，营造了一个以书籍为主题的空间，给社区的居民带来温暖而奇幻的艺术体验。）

图27　《铁路人的一生有多长？》鲁炳辉、史灿阳（“长江上下—公共艺术行动计划”）
（铁路人的一生有多长？可能是274千米~504千米的里程飞跃，因为这是铁路人一生留下的功绩；可能是从新中国第一条成渝铁路建成到如今交通事业的迅猛发展；可能是西汉张骞出使西域开辟丝绸之路到如今“一带一路”的强盛繁荣……而丈量这些变化的，是中国无数“铁路人”的一生。作品通过喷漆绘画的方式向所有为祖国建设而奋斗的社会群体致敬。）

图28 《百家忆彩》唐兰兰、杨瑞琴（“长江上下—公共艺术行动计划”）
（作品使用彩色玻璃纸与社区的居民交换废旧衣物，为小区的大树穿上“百家衣”，激活沉睡已久的老旧社区。彩衣带着居民的祝福与希望缝合缠绕。作品一开始制作便有很多居民加入，大家都很开心看到自己的旧衣服可以变成这棵大树的新衣服。旧的彩衣带着居民的祝福与希望缝合缠绕形成社区大树的新彩衣，与彩窗遥相呼应，迎着光、带着爱共同生长。）

图29 《那个年代》刘佳、陈琳尧（“长江上下—公共艺术行动计划”）
（作者联合社区的居民一起收集老物件和废弃的日用品，将充满着那个年代记忆的日常物集合为弹珠。取院中黄桷树自然呈现出的Y形弹弓，在它们发射的同时，追溯过去那个年代的童真回忆。）

图30 《八号车厢》王维维（“长江上下—公共艺术行动计划”）
（作品结合现场空间，以火车车厢的开水房为素材，绘制了一个可参与的互动空间，观者都可以来八号车厢体验一把泡方便面的感觉。）

此次项目以艺术介入社群的形式，追溯社区历史文化脉络，实现社区情感交融，激活社区原有空间，彰显社区人文精神；同时让艺术直面社会现场，让艺术作品融入空间并且持续生长。

图31 《记忆缝合》陈雨璇、苟渝孟（“长江上下—公共艺术行动计划”）
（老一辈人是年轻人成长的参照，特殊时代使他们养成了一种勤俭节约的品质。他们对孩子每一步成长的重视，使他们热衷于旧物收藏。但当孩子成人了，爸爸妈妈老了，两代人之间在情感上就会出现一些断层……作者对这些物件做了一次有效的裁剪和缝合，创造出新的物品。在此过程中，我们物物相缝、产生交流，从而达到了思想上的缝合与连接。这样的活动也让整个社群的记忆串联起来，让整个社群活了起来。）

图32《风景》吴清鹤（“长江上下—公共艺术行动计划”）
（成渝铁路是中华人民共和国成立后建成的第一条铁路，对促进山城的发展与繁荣有着不可磨灭的贡献。作者使用铁丝轻巧地描绘了“车”与“山”的关系，与现场场所完美契合，勾勒出一道亮丽的风景线。）

众生堂（草生民间）是一个3米×2米×1.8米的综合材料公共艺术装置作品，艺术家孙磊以传统中药铺为空间原型，关注公众性与在地性的需求，从生态性出发创作出一个可持续性发展的社区公共空间。在具体实施时，他通过公共艺术的介入，将原先用来放置清洁用品的绿皮屋改造成铁路三村共有的新鲜中药铺，并以废旧塑料瓶作为种植容器，充分利用社区现有的中草药资源，动员对种植感兴趣的居民共同参与草药种植的社区微更新活动。这个可持续发展的社区中药铺焕发勃勃生机，激励公众重新审视社区可利用的现有公共资源。设置社区草药守护人的后期维护运行机制，让居民以个人身份自觉维护属于自己的那份草药，并带动和鼓励他人将草药相互分享，促进社区邻里交流，共同创建和谐美好社区（见图33~图39）。

图33　铁路三村原始场地（自摄）

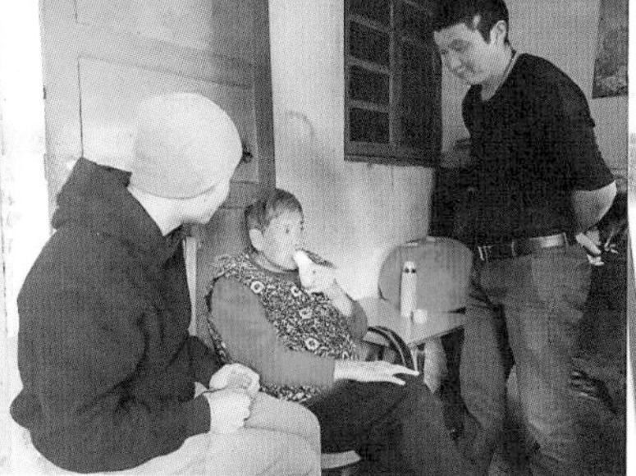

图34　艺术家走访调研（自摄）

铁路三村“众生堂”中草药功效

虎耳草

功效：祛风，清热，凉血解毒。治风疹、湿疹。

紫苏

功效：健胃、利尿、祛寒、解表。

猪毛七

功效：祛风、湿热黄疸，小便淋痛，风湿热痹。

野三七

功效：消肿定痛，用于跌打损伤，风湿痛。

盐咳药

功效：清肺热，止吐血。治风热咳嗽，痰多气喘。

薄荷

功效：医用和食用双重功能，清新怡神，疏风散热。

麦冬

功效：清热，养阴，润肺清心。

五匹风

功效：清热、解毒、止咳、化痰之效，捣烂外敷治疮毒。

百合

功效：治疗慢性支气管炎、肺气肿和久咳等。

菖蒲

功效：化湿、开窍、祛痰、散风。

艾叶草

功效：温经止血，散寒止痛，降温杀虫。

牛耳大黄

功效：消肿定痛，用于跌打损伤，风湿痛。

芦荟

功效：烧伤，泻火；解毒；化瘀。

虎眼万年青

功效：治疗肿毒、肝炎、肝硬化、肝癌。

半枝莲

功效：凉血解毒，散瘀止痛，消肿和清热利湿。

鱼秋草

功效：清热解毒、散瘀止血、消积。

半夏

功效：燥湿化痰，降逆止呕，消瘀散结。

金边虎皮兰

功效：清热解毒、活血消肿。

鱼腥草

功效：清热解毒，利尿消肿。治肺炎。

平车前

功效：利尿、清热、明目、祛痰。

蛇含委陵菜（五匹风）

功效：清热、解毒、止咳、化痰。

图35、图36　众生堂的草药（自摄）

图37、图38 居民共同完成作品（自摄）

图39 作品最终完成（自摄）

第六节　校园公共艺术

校园公共艺术景观是校园文化中最直接显现物质文化环境的建设内容，是一种以校园文化精神为底蕴、以艺术表现为手段的重要文化要素。校园公共艺术主要表现形态有写实性雕塑、装饰性雕塑与抽象性雕塑三种。

一、写实性雕塑的艺术形态

校园都有自己的主体性、纪念性、标志性空间，以塑造和反映这所大学曾经发生过的重要历史事件和著名人物，以此承载和传播大学的精神，弘扬文化价值与理想信念。在这类空间中设置的公共艺术景观，通常具有主题性、专属性，艺术手法呈现写实、具象、直观等特征，如鲁迅美术学院的雕塑《鲁迅塑像》（见图40）、中央美术学院的雕塑《徐悲鸿塑像》（见图41）等。

二、装饰性雕塑的艺术形态

公共艺术景观装饰性雕塑的艺术形态，是指运用了归纳、提炼、美化、夸张、变形等装饰手法，依托校园室内外空间环境的特定场景，以其含蓄性、标志性与恒定性、寓言性与意味性等艺术特质，从形态及构成上追求形式与神似的统一，追求强烈的造型及视觉冲击，使师生进入这个公共艺术景观环境中，通过对艺术造型物象的形态比例、透视关系及空间构成张力等方面的感应，产生丰富的艺术联想与审美愉悦。比如，华东理工大学的雕塑《化学之美》通过直观、形象的方式展示了化学世界的神奇与奥妙，丰富了校园景观。

而《潜能》则是位于美国萨姆休斯顿州立大学工程与技术中心的一处艺术雕塑，其描绘了一部分碳氢化合物分子从液态转化为固态的过程。设计准确把握了这个过程中物体的能量被进一步释放、体积也进一步扩大的阶段性转变特点，同时以不同的视觉形象将参与转变过程的结构一一对应，并且以多变的视觉色彩和造型达到了科学原理和艺术形式表达上的统一，也对校园文化内容进行了回应和进一步的丰富（见图42）。

三、抽象性雕塑的艺术形态

大学公共艺术景观抽象雕塑是指非具象雕塑。抽象雕塑的含义不特指具体的雕塑形象。抽象雕塑要求形体既具有美观的特征，也富有内在的含义，比如不锈钢锻造的流线形体必须美观，线条流畅，块面平滑等。半抽象也叫意象，它要求其形态有一点像某一具体事物，而又简化变形，还要表现出夸张的美感和内在的含义。在大学公共艺术景观中，抽象的表现方式从自然现象、科学理性或思维灵感出

图40　鲁迅美术学院《鲁迅塑像》

图41　中央美术学院《徐悲鸿塑像》

图42 《潜能》雕塑
（作品钢、LED照明、定制电子产品和亚克力的复合构造在夜间也能产生相当良好的视觉效果。）

发，对艺术造型加以简约或抽象的富有表现特征的因素，形成简单的、极其概括的审美形象；以变化的、夸张的几何构成，抽离于自然物象的基础，又从整体上隐喻物象的主旨与本质内涵，使艺术的意象和审美感受成为作品的核心。比如，上海外国语大学的雕塑《面向世界&拥抱未来》以圆形喷泉为底座，中间为两个青年学子合力托举地球的写意造型，轮廓匀称流畅，姿态简洁优雅，整体寓意海纳百川的包容精神和胸怀天下的世界情怀。

由托尼·布朗（Tony Brown）和奕木艺术设计合作完成的∞雕塑位于西安欧亚学院内，其所代表的无限大的含义更包含了融合的意义。无限的符号含义以相当抽象的形式进行了表达，同时传达了以超越常规的思维模式突破传统形态多样化演变的设计理念。设计同时利用其每一个空洞的造型使得作品、环境、人产生多样而丰富的互动关系，当人们在雕塑上休息、拍照，并透过雕塑观看周边校园环境时，人、作品、环境便融合为一个积极的整体（见图43）。

图43 ∞雕塑（王楠）
（雕塑以镂空的造型削弱了整体较大形体对于周边场地的压迫感。整体作品通过局部圆形造型与周边环境形成了良好的视觉对景，并以此联系校园景观、观看者以及艺术雕塑本身。）

四、现代雕塑的艺术形态

随着现代科学技术和艺术观念的发展，公共艺术的创作理念、材料、方式都发生了很大改变。综合集成的互动艺术形态是新材料、新观念、新的科学技术手段的运用，使大学公共艺术景观现代雕塑的艺术形态的艺术震撼力更强，对观者的冲击力和影响力更大。比如，上海中医药大学的雕塑《大地金针》，169根斜入大地的金针象征着中医学子传承与创新中医药的意志和决心。

而由南京艺术学院师生设计的《花之亭》大型空间装置则以“芙罗拉之花”为设计概念，并通过参数化建构手段对“亭”这一传统意象进行新的诗意演绎。半透明PVC膜的使用以及其丰富的艺术形态使得整体作品呈现出极具张力的视觉形象，并且在不同的时间段，都赋予不同观看角度的观看者以不一样的视觉感受，以此获得与周边场地环境及人群的和谐，并成为校园内具有标示性的共享艺术空间。作品将272个空心不锈钢球作为构造上的定位节点，并结合703根长短各异的不锈钢圆管共同构成整体艺术装置的结构支撑体系，通过计算机的异形曲面细分并优化得到了最终装置中主要的三角面网格。这些半透明PVC膜三角嵌面同样也是装置主要的视觉形象（见图44）。

第七节　标志性节点公共艺术

提到纽约，人们会想到自由女神；提到巴黎，人们会想到埃菲尔铁塔；提到鱼尾狮雕塑，人们会想到新加坡；提到《撒尿小童》雕塑，人们会想到布鲁塞尔……偶然或必然，一些公共艺术作品和其所在地的命运紧紧联系在一起。随着时间的推移，这串名单还在不断增加。但与前面提到的相对传统的艺术形式相比，新的地标多了一份现代派的意味。

例如著名的《勺子桥和樱桃》就是由艺术家克拉斯·奥登伯格（Claes Oldenburg）和他的妻子库斯耶·范·布鲁根（Coosje van Bruggen）于 1985 年设计的作品。这件作品同时也是世界上最大的城市雕塑公园——沃克艺术中心明尼阿波利斯雕塑花园的核心。樱桃部分被设计为一个喷泉，其顶部离地9.14米，勺子有15.24米长，雕塑整体坐落在一个小池塘上。作品的置入无疑给场地带来了巨大的活力，它打破了原本沉闷常规的景观空间，成功地将日常物品“陌生化”，并且成为当地的标志性节点之一（见图45）。

图44　《花之亭》（陈语思）
（灵活、开放的结构体系使得人们可以在装置内部自由穿梭，以此获得人和装置的良好互动效果，促进了人和艺术空间的融合。）

图45　《勺子桥和樱桃》
（巨大樱桃的鲜亮的红色与勺子的灰色形成鲜明对比，成就了整体雕塑的标志性形象，也是点睛之笔。勺子部分顺滑、优雅的曲线倒影很好地融合进自然环境中。同时在设计上，雕塑的出水处位于樱桃茎的顶端和底部，以此来保证樱桃在阳光中熠熠发光。）

为了纪念《独立宣言》颁布两百周年而设立于美国费城的《衣夹》同样也是奥登伯格的代表作之一。作品位于中心广场的两座办公大楼之间的一个地铁入口处。《衣夹》正对着城市中的市政厅塔及其古老的威廉·佩恩雕塑，作品本身具象化的日常外表与超脱其原本熟悉使用场景的碰撞所产生的陌生感，与其周边严肃、古典的城市环境形象形成了鲜明对比，在丰富原有城市环境的同时，也获得一种标志性的艺术效果。在安装落成后，城市的出租车司机、行人、艺术爱好者都对它赞叹不已，同时由于其独特的艺术理念，雕塑很快就成为当地人闲聊的热门话题，也成为费城的地标性建筑。

与此类似的还有《云门》，这是由印裔英国艺术家阿尼什·卡普尔（Anish Kapoor）设计的一件位于美国芝加哥千禧公园的公共艺术作品。作品外部完全由不锈钢组成，其设计主题和卡普尔以前的作品有着众多共同点，其光滑的表面反映了周边环境的众多景象：公园中人群的移动、密歇根的街道环境、公园绿地和更远处的天际线。同时，不锈钢的高反射性也鼓励人们与之产生互动，其弯曲的底面也可以作为游客步行进入公园的入口，这都加强了设计的公共属性。云门以其抽象、独特的艺术造型和与周边城市环境的积极关系成为千禧公园乃至芝加哥的标志性节点之一，并重塑了场地形象，同时也成为卡普尔最知名的作品之一。

在东方，草间弥生的《黄色波点南瓜》已经成为日本直岛的标志性节点之一。设计将原本熟悉的常见的事物陌生化，并且以抽象和强烈的艺术形式与自然环境形成了鲜明对比。雕塑位于近水处，水光的反射使得作品格外突出和醒目。草间弥生南瓜装置的介入成为直岛进行整体社区的艺术构建的原因和动力之一（见图46）。

图46　直岛《黄色波点南瓜》雕像
（极其抽象化和超脱现实的密集波点南瓜形象与单纯开阔的自然背景形成鲜明对比，成了直岛标志性节点之一。）

第八节　工业遗产公共艺术

20世纪80年代后，在可持续发展理论指导下，许多西欧国家开始积极推进城市复兴运动。运动主要针对现有城区和建成环境的管理与规划，使大量工业用地不再闲置和废弃，实现区域社会、经济、文化、环境的全面复兴。建筑遗产再利用过程免不了需对老旧、破损建筑进行维护，源于国外的文化资源保护观念陆续传入。其相关行动基本遵循了1990年《奈良宣言》对于“真实性”的多样文化性诠释，以修旧如旧、尽量不对外貌做大变动的方式进行修护，从而达成保存、维系城市居民集体记忆的效果，重视遗产人性价值的展现，并符合中产阶级需要细腻的心理抚慰的需求。

例如下诺夫哥罗德（Nizhny Novgorod）的斯特瑞卡（Strelka）仓库曾经作为1882年和1896年的全俄罗斯展览的举办地，而借助从2019年开始的一系列庆典活动，该地区得到了适应性改造和再利用的机会。SPEECH设计事务所的方案保留了原有的历史结构框架，同时新建了一座相同形式的新展馆，新建构筑物外覆光滑的不锈钢板，在视觉上消融在原有的空间中。经过改造后的金属展厅重新向公众开放，现已成为可以容纳426座的演出厅和画廊。新旧空间形成了明显对比但又彼此相融。新建展馆表面反射周边环境和历史结构，并通过其独特的艺术形象重塑了场所感（见图47）。

在2015年的“城市交流”（Urban Xchange）艺术节中，由艺术家王俊浩创作的*STAR*则将一件五层楼高的艺术装置嵌入一栋未完工的混凝土建筑中，仿佛一颗闪亮发光的巨星穿透楼层，并通过一系列的灯光组织向外辐射。设计使用了钢索和数百米的LED灯建造，不仅创造了一个新的地标，而且营造了一个可用于表演、音乐会等多种用途的全新社区空间。设计通过其独特的艺术形象极大地吸引了人们对于艺术节的关注，并且为当地的城市复兴注入动力。正如设计师本身所说，*STAR*是“当下政治和文化气候中的一块突触（glitch），也是巴特沃思

图47　Strelka仓库（SPEECH设计事务所）
（不锈钢表面很好地反射了周边环境，使得新建结构与原有金属框架甚至其背后的天空背景都取得了一种和谐，同时这种极其简洁的艺术手法也呼应了场地中原有的静默、肃穆的工业遗存架构。）

（Butterworth）——这个曾经辉煌的工业港口、过去大陆和岛屿之间来往的重要码头，如今却走向贫瘠萧瑟的一种体现”。

相比于绚丽、柔美，该装置创造了一种极其强大的视觉冲击力。艺术家仅仅通过焊接钢框架、支撑电缆与LED灯等这些简单的构造，就创造了一个极具艺术效果的照明雕塑。装置穿透现存建筑物的遗留结构并在地板周边辐射出一个灯光网络，这颗“星”无疑通过其极具吸引力的光亮效果点亮了展会的黯淡夜空，并使得这栋遗留建筑焕发出新的生命力和蓬勃的表现力（见图48）。

随着后工业时代的城市角色的转变，曾经在上海城市发展中扮演重要角色的诸多工业建筑都面临着被拆除或者改造的命运。其中由大舍建筑事务所和同济大学建筑设计研究院合作完成的艺仓美术馆重新定义了工业遗存建筑的公共文化价值，并且让更多人意识到保留工业建筑的空间和文化的价值。其新加建的设计部分采用悬吊结构，极好地保留了原始厂房结构，V字形编织的纤细的竖向吊杆也赋予了美术馆特别的形式语言，新介入的纤细轻巧的结构与原本粗粝的混凝土结构构建了极具张力的艺术效果，再加上廊道的介入，这一切都赋予了原本场地全新的公共性和新的文化形象。

而在艺仓美术馆水岸公园的改造上，设计者则将运煤信道转变为文创走廊，昔日的工业水岸，化身为新的开放的市民水岸公园。林之道的介入最大化地保留了原有的场地特征，通过保留和移植的方式，最大化地保护了原有植被，从而优化场地原有的自然资源。新建艺术桥体凌空架设于水池之上，同时在植被之间来回穿梭，和原有的工业架构一同创造了极其丰富的自然休闲环境（见图49）。

图48 *STAR*（Inspiration Grid IG team）
（装置以独特和震撼的灯光效果成为漆黑夜色中的一颗星。）

图49 艺仓美术馆水岸公园［亚历克斯·德·杜瓦（Alex de Dios），林逸峰］
（新建部分以Z字形的架构在自然环境中来回穿梭，在最大化保留原有场地特征的基础上，创造了一个相当自由和融洽的休闲环境。）

第九节　城市家具公共艺术

城市家具直接为广大市民服务，与人息息相关。当我们站在城市的街道上，视线可及之处，城市公共空间的各种公共设施（如指示牌、候车厅、果皮箱、道路照明、座椅、雕塑艺术品等）都属于城市家具。由此可见，我们与城市家具的距离相当近。城市家具的发展历史十分悠久，例如古希腊时期的德尔菲神庙中的圆形柱廊就给人们提供了演讲、辩论、施政、交谈、集会的场所，具有丰富的公共价值（见图50）。进入工业化时期，城市家具的内涵和形态都得到了极大拓展，例如桂尔公园里由西班牙建筑师高迪（Gaudi）亲自设计的龙形椅，其通过丰富的色彩和形态展示了城市的艺术面貌，同时也可以供人在此随意休息和交谈。后工业时代以来，城市家具得到了更为多元的发展。

例如《砼亭》就是灰空间建筑事务所为上海多伦现代美术馆 “异质越野：多伦路”展览所特别设计的城市家具装置。设计师基于对原有城市意象的解读，为街道景观创造了新的丰富的场景变化。设计以多样的形态回应了所处环境的复杂背景：繁杂的街道和巷道、随处可见的名人铜像、极具艺术气息的美术馆、来往游人和当地居民构成的浓厚的市井烟火气（见图51）。

该装置位于多伦现代美术馆一侧的平台上，并和街对面雕像边空出的座椅形成互动关系。因此，作品在保留了以可参与的休憩空间为代表的服务于日常城市生活的使用功能之外，还是一个可以被观看的景观对象，成为城市景观的一部分。

新的艺术形态不仅丰富了原有的街道景观，也提供了一个参与和互动的场所。《砼亭》在不同高度、角度和位置与街道环境产生了不同的互动关系。顶部和桌面部分的半围合性分别限定了两个悬挑的檐下区域。下部的座椅空间面向通往后侧建筑的道路，上部的桌面座椅区则框定了一个可观察街道的窗口。因此，它的介入也鼓励人们通过更多的视角与方式来观察和感受城市街道景象。

图50　德尔菲神庙中的圆形柱廊
（圆形柱廊以其向心性极大地增强了场地的公共和开放属性，为当地公民提供了一个参与公共生活的场所。）

同样由灰空间建筑事务所设计的《砼·几何》滴水湖地铁站艺术装置则是通过城市家具的置入，优化了原有场地的活动属性，促进人群聚集，激发人群活动。设计场地位于地铁站出入口、城市公交总站和地下待开发商业区出入口的交汇处。设计分析了原有场地的人流动线并加以退让，接着使用三组橙色的钢构件进一步围合出一个向心的聚合空间，削减了原有场地空旷而巨大的空间感受，进一步鼓励了人群的逗留，重新激发了场地活力。

座椅由17个0.66米×0.66米×0.66米的预制混凝土单元模块组成，这些模块根据不同年龄段的人体坐高尺度形成了三个维度的半弧形座椅空间，最后通过不同的翻转组合形成高低宽窄变化丰富的休憩空间。同时，混凝土模块单元与金属杆件构成的系统也为更多元的空间场景的发生提供了基础，这一系列非日常的互动使用场景充满了趣味性，同时也将进一步激发人群自发的场地活动，满足并映射着都市生活中不同主体之间的紧密关系（见图52）。

图51 《砼亭》（Sensor见闻影像）

图52 《砼·几何》滴水湖地铁站艺术装置（柯剑波）
（城市家具的介入将空旷的场地进一步细分，从而限定出一个可供市民活动的场所。）

在设计师的调度下，原本位于波兰波兹南市的一个老旧停车场现如今变成了包含绿洲、露天咖啡、社区中心等功能的市政厅广场。广场中配备了一系列能满足不同用户群体需求的城市家具，包括20个四季常绿的花槽，两个围绕花池布置的圆形长椅，以及14个可移动的座位。不同尺寸和形态的艺术家具使人们可以自由地在广场上享受各种活动，绿植的置入也创造了一个相当宜人和开放的城市公共环境（见图53、图54）。

图53　波兹南市政厅广场区域翻新［马修·比尼亚斯奇克（Mateusz Bieniaszczyk）］
（广场上布置的一系列家具元素能够满足不同用户群体的需要，例如展览、休憩、交际等，这些功能在一定意义上丰富了城市生活图景。）

图54　波兹南市政厅广场区域翻新（马修·比尼亚斯奇克）
（植物的组合经过了精心设计，使广场在一年四季中呈现出不同的美景。绿植的置入为场地营造了一个相当舒适的开放环境，优化了城市空间环境。而围绕花池布置的长椅也更好地让当地市民参与其中，极大地增强了场地的公共属性。）

参考文献

第一章

[1] 凯文·林奇.城市意象[M].北京：华夏出版社，2011.

[2] 董奇.中国当代公共艺术规划实践与理论[M].北京：中国建筑工业出版社，2019.

[3] 周湘婷，李险峰.公共艺术重塑城市公共空间场所精神的实践与思考[J].景观设计，2021(06):4-9.

[5] 高婕.区域公共艺术整体设计研究[D].南京：南京艺术学院，2022.

[6] 石劲松.城市文化活动与旅游产业的融合[J].剧影月报，2017(06):110-112.

[7] 薛颖，李佳敏.地方传统文化在新媒体动画中的应用研究[J].常州信息职业技术学院学报，2022，21(01):91-93.

[8] 薛耀.当代影视作品中的南京意象研究[D].南京：南京师范大学，2021.

第二章

[1] 郝卫国，李玉仓.走向景观的公共艺术[M].北京：中国建筑工业出版社，2011.

[2] 史明.景观艺术设计[M].南昌：江西美术出版社，2008.

[3] 斯塔克，西蒙兹.朱强等译.景观设计学——场地规划与设计手册（原著第五版）[M].北京：中国建筑工业出版社，2013（2020重印）

第三章、第四章、第五章、第六章

[1] 翁剑青.局限与拓展——中国公共艺术状况及问题刍议[J].装饰，2013(09):22-26.

[2] 汪单.美国公共艺术的制度分析：一个审美治理视角[J].公共艺术，2020(04):6-13.

[3] 陆敏，汤虞秋，陶卓民.基于认知地图法的历史街区居民集体记忆研究——以常州青果巷历史街区为例[J].现代城市研究，2016(03):127-132.

[4] 戴菲，章俊华，王东宇.规划设计学中的调查方法1——问卷调查法(案例篇)[J].中国园林，2008(11):77-81.

[5] 戴菲，章俊华.规划设计学中的调查方法2——动线观察法[J].中国园林，2008，24(12):83-86.

REFERENCES

[6] 戴菲，章俊华.规划设计学中的调查方法3——心理实验[J].中国园林，2009，25(01):100-103.
[7] 戴菲，章俊华.规划设计学中的调查方法4——行动观察法[J].中国园林，2009，25(02):55-59.
[8] 戴菲，章俊华.规划设计学中的调查方法5——认知地图法[J].中国园林，2009，25(03):98-102.
[9] 戴菲，章俊华.规划设计学中的调查方法6——内容分析法[J].中国园林，2009，25(04):72-77.
[10] 戴菲，章俊华.规划设计学中的调查方法7——KJ法[J].中国园林，2009，25(05):88-90.
[11] 梁子涵.公共艺术项目的运行机制和执行管理：以2019上海城市空间艺术季为例[J].公共艺术，2020(03):96-103.
[12] 刘育成，刘晖.公共艺术介入城市设计[J].美术大观，2018(01):102-103.
[13] 罗子荃，周秀梅.城市公共艺术产业发展的内在逻辑与创新机制[J].学习与实践，2018(08):104-111.
[14] 成学栋.中国当代公共艺术项目运行机制研究[D].吉林：吉林建筑大学，2018.
[15] 曹永康，竺迪.近十年上海市工业遗产保护情况初探[J].工业建筑，2019，49(07).
[16] 马可滢.公共艺术的管理与运营机制研究[D].北京：中央美术学院，2010.
[17] 孙婷婷.公共艺术项目范式与中国政策制定的探究[D].上海：东华大学，2012.

致谢

《公共空间艺术设计》这本书从原来的书名《公共艺术规划与设计》前后历经两次更改，最终定名为“公共空间艺术设计”。该书在拟书名、定稿、排版期间，上海人民美术出版社给予了很大的支持与帮助，衷心感谢孙青编辑的大力协助，非常感谢张乃雍编辑专业细致的沟通和不厌其烦的修正，两位编辑老师扎实的专业能力和高效的执行力极大地助力了书籍的顺利出版。

此外，要衷心地感谢我的公共艺术专业研究生张筱晴、苌珂依、袁小涵、李科宇，环境艺术专业研究生丁子洋等五位同学的鼎力协助，他们负责前期大量原始资料和案例的搜集和整理，制作了书中大量的图片和表格。其间，本书书稿的结构和内容经过了几次大的调整，他们不辞辛苦地进行图文编辑和修改，在整个编撰过程中很好地体现了设计学院严谨、扎实的专业素养和技术能力。作为他们的导师，我由衷地为他们感到骄傲和自豪。新书付梓之际，也是他们即将完成研究生学业的日子，希望范儿设计工作室的“五娃”前途似锦、更上一层楼。

书中引用了我在教学课程中指导的江南大学设计学院公共艺术系的部分学生的课程作业，对于涉及的本科生同学也一并表示感谢，在具体的行文中已经详细标注出他们的名字，在此就不一一列举了。

希望读者们拿到本书时，能够有所启发，也期待各位读者的批评与指正。